U0650424

**CAEP** 中国环境规划政策绿皮书

# 中国环境经济政策
# 发展报告2023

## China's Report on Environmental Economic
## Policy Progress 2023

董战峰  葛察忠  郝春旭  等/编著

中国环境出版集团·北京

**图书在版编目（CIP）数据**

中国环境经济政策发展报告. 2023 / 董战峰等编著. --
北京 ： 中国环境出版集团，2024. 9. -- （中国环境规划
政策绿皮书 / 王金南主编）. -- ISBN 978-7-5111-6011-
9

Ⅰ. X-012

中国国家版本馆CIP数据核字第2024CG2534号

| | | |
|---|---|---|
| 策划编辑 | 葛　莉 | |
| 责任编辑 | 宾银平 | |
| 封面设计 | 彭　杉 | |

| | | |
|---|---|---|
| 出版发行 | **中国环境出版集团** | |
| | （100062　北京市东城区广渠门内大街 16 号） | |
| | 网　　　址：http://www.cesp.com.cn | |
| | 电子邮箱：bjgl@cesp.com.cn | |
| | 联系电话：010-67112765（编辑管理部） | |
| | 发行热线：010-67125803，010-67113405（传真） | |
| 印　　刷 | 北京中科印刷有限公司 | |
| 经　　销 | 各地新华书店 | |
| 版　　次 | 2024 年 9 月第 1 版 | |
| 印　　次 | 2024 年 9 月第 1 次印刷 | |
| 开　　本 | 787×1092　1/16 | |
| 印　　张 | 13.75 | |
| 字　　数 | 180 千字 | |
| 定　　价 | 98.00 元 | |

【版权所有。未经许可,请勿翻印、转载,违者必究。】

如有缺页、破损、倒装等印装质量问题，请寄回本集团更换。

**中国环境出版集团郑重承诺：**
中国环境出版集团合作的印刷单位、材料单位均具有中国环境标志产品认证。

# 《中国环境规划政策绿皮书》
# 编 委 会

主　　编　王金南

副 主 编　陆　军　何　军　万　军　冯　燕　严　刚

编　　委　（以姓氏笔画为序）

丁贞玉　于　雷　马乐宽　王　东　王　倩

王夏晖　田仁生　宁　淼　刘桂环　齐　霁

许开鹏　孙　宁　张　伟　张红振　张丽荣

於　方　赵　越　饶　胜　秦昌波　徐　敏

曹　东　曹国志　葛察忠　董战峰　蒋洪强

程　亮　雷　宇　蔡博峰

执行编辑　田仁生　公滨南

# 《中国环境经济政策发展报告2023》
# 编 委 会

主　编　董战峰　　葛察忠　　郝春旭　　程翠云　　李晓亮

　　　　龙　凤

编　委　王金南　　璩爱玉　　赵元浩　　毕粉粉　　田　雪

　　　　周　全　　彭　忱　　潘拥军　　宋祎川　　杜艳春

　　　　李婕旦　　贾　真　　王　青　　周　佳　　连　超

　　　　李　娜　　冀云卿　　王　彬　　李晓琼　　田仁生

　　　　管鹤卿　　胡　睿

# 前　言

　　2023年是全面贯彻党的二十大精神的开局之年，也是生态环境领域具有里程碑意义的一年。党中央时隔五年再次召开全国生态环境保护大会，习近平总书记出席会议并发表重要讲话，强调要完善绿色低碳发展经济政策，强化财政支持、税收政策支持、金融支持、价格政策支持。要推动有效市场和有为政府更好结合，将碳排放权、用能权、用水权、排污权等资源环境要素一体纳入要素市场化配置改革"总盘子"，支持出让、转让、抵押、入股等市场交易行为，加快构建环保信用监管体系，规范环境治理市场，促进环保产业和环境服务业健康发展。中共中央、国务院印发《关于全面推进美丽中国建设的意见》，明确了经济激励政策重点任务。随着生态文明建设的深入推进，美丽中国建设迈出重大步伐，我国生态环境保护工作向纵深发展，现代环境治理体系加快构建，环境经济政策创新与实践正面临前所未有的机遇，需要加快建立一套更加科学、合理、公平、长效的环境经济政策体系，更加需要能够充分支撑生态环境质量改善与高质量发展的市场经济政策创新。

　　面对快速变化的宏观政策形势以及新时期生态环境保护工作对环境经济政策改革与创新的迫切需求，为了更好地推进环境经济政策与应用，充分发挥环境经济政策的作用，持续开展环境经济政策的跟踪评估十分必要。生态环境部环境规划院是我国环境经济学科发展与政策研究的顶尖智库，长期从事环境投资、环境税费、绿色价格、环境权益交易、生态补偿、绿色金融等环境经济政策研究，作为科学技术支撑单位，为生态环境部、财政部等管理部门以及地方政府的环境经济政策试点、政策制定与实施提供了大量智力支持。为了更好地推进环境经济政策的研究与应用，使社会各界能够系统全面了解国家环境经济政策实践最新进展，生态环境部环境规划院组织编写了《中国环境经济政策发展报告2023》。

《中国环境经济政策发展报告2023》（以下简称年度报告）在大量调研和政策文件分析的基础上，系统跟踪评估国家和地方环境经济政策实践最新进展，研判了环境经济政策发展形势、分析年度各类型环境经济政策动态变化、成效与问题，提出未来的改革方向，并对年度最能反映国家和地方进展的典型环境经济政策进行了摘录，希望本年度报告能够成为社会各界研究和了解我国环境经济政策实践年度进展的参考书、工具书，也通过促进分享、交流助推我国环境经济政策研究和决策。

在本年度报告编写过程中，得到了生态环境部综合司、法规标准司、科技财务司等管理部门领导的大力支持和指导，得到了江苏省生态环境厅、甘肃省生态环境厅、四川省生态环境厅、浙江省生态环境厅、上海市生态环境局、安徽省生态环境厅、福建省生态环境厅、广东省生态环境厅、贵州省生态环境厅、云南省生态环境厅等地方生态环境部门的大力支持，也得到了生态环境部环境规划院陆军院长、王金南院士等领导的大力支持，在此表示衷心的感谢！

本年度报告由董战峰、葛察忠、郝春旭等牵头组织编写，由璩爱玉、郝春旭统稿。本年度报告共设置11章，第1章主要完成人为赵元浩，第2章主要完成人为璩爱玉，第3章主要完成人为毕粉粉、田雪，第4章主要完成人为赵元浩，第5章主要完成人为周全，第6章主要完成人为田雪、毕粉粉，第7章主要完成人为潘拥军，第8章主要完成人为王彬、杜艳春，第9章主要完成人为王青，第10章主要完成人为宋祎川、杜艳春，第11章主要完成人为李婕旦、贾真、冀云卿、杜艳春。感谢生态环境部环境规划院相关研究人员对本年度报告写作与出版的重要贡献，本年度报告的出版离不开他们辛勤而又卓有成效的工作。

希望本年度报告的出版能给政府部门管理人员、高校院所从事环境经济政策研究的专家、学者，以及有关专业的研究生提供参考。此外，有必要指出的是，限于编写人员的能力水平，以及资料占有的局限性，本年度报告的一些结论可能不可避免地存在争议，希望诸位同仁一起多加探讨交流，也恳请广大读者批评指正。

董战峰

2024年2月22日

2023年是实施"十四五"规划承前启后的关键一年，是深入打好污染防治攻坚战、推进美丽中国建设的重要一年。环境经济政策创新与改革形势发生着多方面新的变化，这给环境经济政策的发展带来了前所未有的挑战与机遇，生态保护补偿、环境权益交易、绿色金融、环境污染市场治理等政策取得积极进展，环境经济政策体系不断健全完善，为生态文明建设与生态环境质量持续改善提供了重要推动力，在生态文明治理体系和治理能力现代化中的地位和作用更加凸显，为宏观经济全面绿色低碳发展转型、中国建设目标早日实现提供重要支撑。

《中国环境经济政策发展报告2023》采取"自下而上"的方法，针对年度环境经济政策进展情况开展系统评估，评估政策对象包括我国正在实践的10项重点环境经济政策，包括绿色财政、环境资源价格、生态保护补偿、环境权益等，分门别类进行系统评估，形成年度环境经济政策发展形势研判。

**绿色财政政策引导支持效果显著**。环境污染治理投资总额从2010年的6 654.2亿元增加到2022年的9 013.5亿元，但占国内生产总值（GDP）的比重依然过低，从2010年的1.9%下降到2022年的0.7%，环境污染投资总额占GDP比例呈降低趋势。中央财政持续加大对生态环境保护投入力度，2023年中央财政生态环境保护投入较2021年增长10%。其中，中央财政安排水污染防治专项资金257亿元，大气污染防治专项资金330亿元，土壤污染防治专项资金44亿元，农村环境整治专项资金40亿元，用于支持深入打好蓝天、碧水、净土三大保卫战，着力解决突出生态环境问题。环境补贴政策方向在逐步调整，涉及环保电价、新能源汽车、"双替代"补贴、绿色农业补贴等，可再生能源补贴拨付地方金额总体增加，2023年中央财政两次共下达74亿元可再生能源电价附加补助资金。

**环境资源价格改革取得积极进展**。持续推进水利工程供水价格改革和农业水价综合改革，实施差别化水价政策，在全国11个试点灌区和10个试点县（区）开展第一批深化农业水价综合改革推进现代化灌区建设试点。云南省抓住农业水价综合改革"牛鼻子"，大力推广适用的农业水价综合改革模式，其改革经验作为"教科书"在全国深化农业水价综合改革推进现代化灌区建设现场会向全国推广。国家和多地出台针对煤电容量电价的政策，截至2023年12月底，山东、广东、江苏等12个省（区、市）为落实国家要求陆续出台容量电价政策，就容量电价水平、电费分摊、电费考核等提出具体措施，其中，山东将现行市场化容量补偿电价用户侧收取标准下调至0.070 5元/（kW·h）［原0.099 1元/（kW·h）］；广东新增气电容量电价机制，价格暂定为100元/（kW·a）。贵州、四川等地持续深化污水处理收费政策改革，有效推动污水处理提质增效。北京、河北、山西、内蒙古、上海、江苏、浙江、福建、江西等部分省（区、市）对生活垃圾处理收费及危险废物处置费进行了定价调整，持续深化垃圾收费及危险废物处置费政策改革。

**生态保护补偿制度深入推进**。长江、黄河等大江大河横向生态保护补偿机制加快建设，长江流域的赤水河（云南、贵州、四川）、滁河（江苏、安徽）、酉水（湖南、重庆）和渌水（湖南、江西）等正在实施第二轮跨省横向补偿协议，长江干流苏皖段、川渝段、鄂湘段、鄂赣段和濑溪河流域（四川、重庆）正在实施第一轮协议。黄河干流豫鲁段、甘川段、甘宁段和宁蒙段分别建立省际补偿机制，沿黄九省（区）

均建立了省（区）内生态保护补偿机制，全国有21个省份20个跨省流域建立了上下游横向生态保护补偿机制。2023年中央财政下达重点生态功能区转移支付1 061亿元，比2022年增长7%，重点补助重点生态县域、生态功能重要地区、长江经济带地区和巩固拓展脱贫攻坚成果同乡村振兴衔接地区，目前覆盖的810个县域生态环境质量呈现"整体较好、稳中向好"趋势。各生态环境要素补偿深入推进，2023年，国有、集体和个人所属的国家级公益林补偿标准已分别逐步提高到每亩10元、16元、16元，对12.6亿亩国家级公益林安排森林生态效益补偿补助167.3亿元；继续实施第三轮草原生态保护补助奖励政策，实施面积约40.16亿亩，其中禁牧面积约12.06亿亩、草畜平衡面积约28.1亿亩；支持湿地生态效益补偿项目48个，中央财政安排包括湿地生态效益补偿在内的湿地保护修复补助15亿元；针对长江禁捕，中央和地方累计落实禁捕退捕补偿补助资金272.31亿元,沿江约16万名有就业能力和就业需求的退捕渔民转产就业。

**环境权益交易改革取得进展。**我国首批3个重点区域自然资源确权登记完成登簿，标志着我国自然资源统一确权登记打通了"最后一公里"，实现落地见效。排污权交易机制建设取得阶段性成果，浙江出台《浙江省排污权有偿使用和交易管理办法》，加快构建全省统一的排污权交易市场；宁夏印发《关于深化"六权"改革的意见》，指出要优化排污权交易服务管理。全国碳排放权交易市场健康平稳有序运行，截至2023年12月26日，碳排放配额累计成交量4.4亿t，成交额248.4亿元。生态环境部会同市场监管总局印发《温室气体自愿减排交易管理办法（试行）》，启动全国温室气体自愿减排交易市场。全国水权交易系统完成部署工作，17个省（区）应用系统开展了用水权交易，降低了交易成本，促进水资源在更大范围内优化配置和节约集约利用；2023年11

月，辽宁省本溪市完成2.5万 $m^3$ 水资源使用权交易，填补了辽宁省线上水权交易市场的空白；2023年12月，黑龙江省完成首例农业和非农业之间的跨行业用水权交易，交易水量为24.75万 $m^3$，交易单价为0.12元/ $m^3$，这也是流域、省、市三级联合指导推进水权交易的成功案例。

**绿色税收制度建设加快推进。**环境保护税开征6年以来，整体收入规模保持稳定，2023年环境保护税征收额为205亿元，同比下降2.9%。截至2023年7月，全国累计落实环境保护税优惠减免564亿元，万元GDP污染物排放当量数从2018年的1.16下降到2022年的0.73，降幅达37%，税收优惠对企业加大减排治污力度起到了积极作用。财政部、税务总局联合印发《关于延续对充填开采置换出来的煤炭减征资源税优惠政策的公告》《关于继续实施页岩气减征资源税优惠政策的公告》，对充填开采置换出来的煤炭资源税减征50%，继续对页岩气资源税（按6%的规定税率）减征30%。2023年8月，财政部、国家税务总局、国家发展改革委和生态环境部联合发布《关于从事污染防治的第三方企业所得税政策问题的公告》，继续延长第三方防治企业企业所得税减税的优惠政策至2027年12月31日止。地方积极推动增值税优惠政策支持企业走绿色发展之路，苏州市税务局联合生态环境部门将增值税发票等数据应用于生态环境治理，累计传递活性炭、挥发酚、切削液等涉污税收数据近1万条，精准定位排污企业500家，有效打击生态违法行为。

**绿色金融改革创新稳步推进。**绿色信贷市场保持高速增长，截至2023年年末，我国绿色贷款余额已达30.08万亿元，同比增长36.5%，高于各项贷款增速26.4个百分点，绿色贷款占全部贷款比重由2021年3月的7.2%升至2023年年末的12.66%。绿色债券市场保持快速增长，截至2023年第三季度末，我国绿色债券余额1.98万亿元，居全球第二位，连续3年存量规模超万亿元。自2016年绿色债券试点启动以来，截至

2023年年末，交易所市场累计发行绿色债券超过7 000亿元，募集资金投向资源节约与循环利用、污染防治、清洁能源、生态保护等领域。证监会和国务院国资委联合发布《关于支持中央企业发行绿色债券的通知》，提出4个方面共13项举措，为绿色债券市场稳步发展提供重要助力。绿色保险持续深入推进，2023年，绿色保险业务保费收入达到2 297亿元，赔款支出1 214.6亿元。

**环境市场政策全面发展。**以生态环境导向的开发（EOD）模式为代表的环境市场政策不断强化，截至2023年年底，生态环境部累计向金融机构推送229个EOD项目，总投资9 718亿元，融资需求6 828亿元，已获授信2 012亿元；山东、安徽、江苏、浙江、福建、广东、广西、四川、甘肃、云南、山西、陕西等地发布省级项目入库或试点申报相关政策，据不完全统计，全国已有126个省库或省级试点EOD模式项目。生态产品价值实现机制试点持续推进，宁夏从市、县和功能区3个维度遴选了银川市、固原市、惠农区、利通区和农垦集团开展生态产品价值实现机制试点工作；陕西省商洛市成立了以商洛市委、市政府主要负责同志为组长的生态产品价值实现机制试点工作领导小组，高位推动试点工作；浙江丽水市制定2023年重点工作清单，细化推进生态产品价值实现机制建设。2023年8月，财政部、税务总局、国家发展改革委、生态环境部发布《关于从事污染防治的第三方企业所得税政策问题的公告》，明确对符合条件的从事污染防治的第三方企业减按15%的税率征收企业所得税，支持企业和地方持续探索环境污染第三方治理模式。

**环境资源价值核算探索不断深入。**生态环境部环境规划院联合中国环境监测总站，完成2021年我国2 800多个县级GEP和GEEP核算，发布全国首个GEP和GEEP百强县，为省、市、县级行政区的"绿水青山就是金山银山"实践创新基地创建、绿色发展考核评估、生态补偿政策制定、生态第四产业发展战略谋划提供参考。贵州省生态产品总值核算工作取得积极进展，制定《贵州省试点地区生态产品总值核算方案（试行）》，选取赤水市、大方县、江口县、雷山县和都匀市5个试点地区先行开展GEP试算，在全国率先开展省、市、县三级2018—2022年生态产品总值全面试算。北京市在多年持续开展EI监测评价的基础上，率先落实国家GEP核算规范，印发了《北京市生态系统调节服务价值（GEP-R）核算方案》，明确到2025年年底，实现对市、区、街道（乡镇）三级行政区及重要生态空间的GEP-R核算，年度动态发布核算结果并逐步应用到生态保护补偿等工作中。生态环境部发布《生态环境损害鉴定评估技术指南　总纲和关键环节　第4部分：土壤生态环境基线调查与确定》《生态环境损害鉴定评估技术指南　总纲和关键环节第3部分：恢复效果评估》，规范生态环境损害恢复效果评估工作。2023年，生态环境部指导开展生态环境损害赔偿案例实践，全国办理生态环境损害赔偿案件1.47万件，涉及赔偿金额64.8亿元。

**行业环境经济政策蓬勃开展**。生态环境部、工业和信息化部共同制定了《中国消耗臭氧层物质替代品推荐名录》，推荐了3种HCFCs的23个替代品，同时给出替代品的主要应用领域。环境信息依法披露制度不断健全，生态环境部编制了《企业环境信息自愿披露格式准则》（征求意见稿），对8万余家企业2022年度环境信息披露质量开展评估。深交所发布《深市上市公司环境信息披露白皮书》，分享深市上市公司环境信息披露优秀案例。碳信息披露制度体系逐步完善，生态环境部编制了《关于加强企业温室气体排放信息披露的指导意见》（征求意见稿）和《企业温室气体排放信息披露工作指引》（征求意见稿），提出推进企业温室气体排放信息披露的政策框架。我国已全面开启ESG时代，

2023年7月，国务院国资委发布《关于转发〈央企控股上市公司ESG专项报告编制研究〉的通知》，构建了14个一级指标、45个二级指标、132个三级指标的指标体系，为央企和央企控股上市公司编制报告提供了技术指引。"领跑者"标准体系逐步完善，截至2023年年底，有关机构发布近500项"领跑者"评价团体标准，以及涵盖1 900多家企业、3 200项标准的"领跑者"榜单。全国环境信用评价工作稳步推进，28个省级生态环境部门制定了环保信用评价办法，由市（县）生态环境部门开展环保信用评价，评价结果作为分级分类监管依据，同时共享至信用信息平台并向社会公开。

总体看来，环境经济政策为深入打好污染防治攻坚战提供了持续动力保障，有效支撑服务了高质量发展，助推加快美丽中国建设。一是环境经济政策改革面临新的挑战与创新空间。欧盟碳边境调节机制（CBAM）过渡阶段生效，短期内会对中国高碳密集型行业影响较大，国际碳减排政策新形势对我国在基于WTO国际贸易规则框架下如何发挥市场经济政策手段作用以有效应对提出了新诉求。美丽中国建设全面推进，污染防治攻坚战深入打好，生态环境质量持续改善，进一步打破生态产品价值转换的政策"堵点"等，对环境经济政策的创新与应用提出了更高的要求，为环境经济政策的发展与实践探索提供了前所未有的机遇与挑战。二是环境经济政策体系逐步健全。绿色税收、绿色金融等多项环境经济政策改革稳步推进，生态补偿、碳交易等政策在探索深化，促进了生态产品价值实现，广泛吸引了社会资本，为生态环境保护提供了长效机制和资金保障，为结构调整和全面绿色发展转型提供了动力。三是重点领域环境经济政策改革与创新进一步深化。中央财政持续加大生态环境资金的投入，推动突出生态环境问题解决，发挥了重要的资金投入引导和市场拉动效应，促进了生态环境保护产业的发展。生态保护

补偿制度改革不断深化，环境权益交易制度改革持续推进，全国碳排放权交易市场健康平稳有序运行，全国温室气体自愿减排交易市场启动，全国水权交易系统完成部署工作，用能权制度建设不断完善，交易量和交易规模进一步扩大。绿色金融政策支持绿色发展和生态环境保护力度前所未有，EOD模式等新型生态环境治理项目融资模式在探索前行，环境信息依法披露工作取得里程碑进展。四是关键环节环境经济政策调节作用进一步加强。生态环境资源价格改革不断深入，水价、电价等相关价格政策取得积极进展，污水处理收费机制不断完善，持续深化垃圾收费及危险废物处置费政策改革。绿色税收双向发力。"领跑者"制度在服务领域拓展其深度和广度，水效"领跑者"制度不断完善，引导激励积极开展技术创新、清洁生产、污染治理，助推长效绿色发展。

虽然我国财税、补贴、补偿、金融等环境经济政策在生态环境保护工作中发挥的作用越来越显著，生态环境开发、利用保护和改善的市场经济政策长效机制在逐步健全，但是与"双碳"战略、结构调整、质量改善、多元治理等需求依然存在差距，包括政策供给不足，经济政策未充分实现对生态环境开发利用、保护和改善的全方位调控，支撑服务全面绿色低碳发展转型的政策供给力度不足等。随着我国生态环境保护工作的不断深入推进，多阶段、多领域、多类型的生态环境问题交织，需要更加强调环境经济政策的科学性、经济性和制度化建设，需要进一步理顺行政和市场手段这两只"看得见的手"和"看不见的手"之间的关系，加大环境经济政策创新力度，实施系统设计、综合调控、集成应用，在环境治理体系和治理能力现代化建设中发挥重要作用。

# Executive Summary

2023 was a pivotal year in bridging the past achievements and future aspirations of the "14th Five-Year Plan", and a significant year for deepening the battle against pollution and advancing the construction of Beautiful China. The landscape of environmental economic policy innovations and reforms underwent transformative changes on multiple fronts, presenting unprecedented challenges as well as promising opportunities for the evolution of these policies. Positive strides had been made in policies such as ecological conservation compensation, environmental rights trading, green finance, and market-based governance of environmental pollution. The environmental economic policy framework continued to mature and strengthen, providing a vital impetus for ecological civilization construction and the continuous improvement of environmental quality. This robust framework had been increasingly recognized as a cornerstone in modernizing our ecological governance systems and capabilities, paving the way for China's comprehensive green and low-carbon economic transformation, and achieving national development goals.

"China's Environmental Economic Policy Development Report 2023" adopted a "bottom-up" approach to systematically evaluate the progress of environmental economic policies in 2023. It put 10 pivotal environmental economic policies under the spotlight, including green fiscal policies, pricing mechanisms for environmental resources, ecological compensation,

and environmental rights trading. By categorizing and evaluating these policies, the report offered a clear picture of environmental economic policies trends and developments of the year.

**The impact of green fiscal policies was undeniable.** From 2010 to 2022, total investment in environmental pollution treatment soared from RMB 665.42 billion to RMB 901.35 billion. However, the proportion of these investments to GDP remains too low, decreasing from 1.9% in 2010 to just 0.7% in 2022, indicating a downward trend. The central government has been stepping up its investment to eco-environmental protection. In 2023, central fiscal investment in this area increased by 10% compared to 2021. Here's the breakdown: RMB 25.7 billion in special funds for water pollution prevention, RMB 33 billion in special funds for air pollution prevention, RMB 4.4 billion in special funds for soil pollution prevention, and RMB 4 billion in special funds for rural environmental improvement. These funds were dedicated to supporting the blue sky, clear water, and clean soil initiatives, tackling prominent eco-environmental challenges head-on. Moreover, environmental subsidy policies were undergoing gradual adjustments, involving eco-friendly electricity pricing, new energy vehicles, "dual substitution" subsidies, and green agriculture subsidies. Renewable energy subsidies allocated to local governments increased overall, with the central government allocating a total of RMB 7.4 billion in renewable energy surcharge funds in two rounds in 2023.

**The reform of environmental resource pricing made significant strides forward.** By continuously advancing water supply pricing reform in water conservancy projects and comprehensive reform of agricultural water pricing, differentiated water pricing policies were implemented to foster more sustainable practices. The first batch of pilot projects to deepen comprehensive reform of agricultural water pricing and promote modern irrigation district construction was launched in 11 pilot irrigation districts and 10 pilot counties (districts) across the country. Yunnan Province grasped the crucial aspect of the comprehensive reform of agricultural water pricing by vigorously promoting effective models for the reform, and its reform experiences have been hailed as a "textbook" for nationwide replication at an on-site meeting dedicated to advancing modern irrigation district construction. Moreover, policies targeting coal-fired power capacity pricing have been introduced at both the national and local levels. By the end of December 2023, 12 provinces, including Shandong, Guangdong, and Jiangsu, had rolled out capacity pricing policies in response to national requirements, outlining specific measures for capacity pricing levels, electricity cost allocation, and electricity cost assessments. Notably, Shandong reduced the user-side charge standard for existing market-oriented capacity compensation electricity prices to RMB 0.0705/kWh (down from RMB 0.0991/kWh), while Guangdong introduced a new gas-fired power capacity pricing mechanism set temporarily at RMB 100/kW. Elsewhere, Guizhou and Sichuan continued to deepen reforms in wastewater treatment pricing policies, effectively driving quality and efficiency improvements in wastewater treatment. Additionally, several provinces and municipalities, including Beijing, Hebei, Shanxi, Inner Mongolia, Shanghai, Jiangsu, Zhejiang, Fujian, and Jiangxi, adjusted pricing for domestic waste treatment and hazardous waste disposal fees, further refining policies in these aspects.

**The ecological compensation system made significant strides forward.**
Accelerated efforts were made to establish horizontal ecological
compensation mechanisms along major rivers like the Yangtze and Yellow
Rivers. The second round of cross-provincial horizontal compensation
agreements is currently in effect for tributaries such as the Chishui River
(Yunnan, Guizhou, Sichuan), the Chu River (Jiangsu, Anhui), the Xishui
River (Hunan, Chongqing), and the Lushui River (Hunan, Jiangxi) within
the Yangtze River basin. Meanwhile, the first round of agreements was
being implemented in sections of the Yangtze's mainstem spanning
Jiangsu-Anhui, Sichuan-Chongqing, Hubei-Hunan, Hubei-Jiangxi, and the
Laixi River basin (Sichuan, Chongqing). On the Yellow River,
inter-provincial compensation mechanisms were established for sections
including Henan-Shandong, Gansu-Sichuan, Gansu-Ningxia, and
Ningxia-Inner Mongolia. All nine provinces and regions along the Yellow
River have also set up intra-provincial ecological compensation
mechanisms. Nationwide, 21 provinces established horizontal ecological
compensation mechanisms across 20 inter-provincial watersheds. In 2023,
the central government allocated 106.1 billion yuan for transfer payments
to key ecological functional areas, marking a 7% increase from 2022.
These funds were targeted at key ecological counties, vital ecological
functional regions, the Yangtze River Economic Belt, and areas where
poverty alleviation efforts are being consolidated and integrated with rural
revitalization. Currently, the 810 counties benefiting from this program
shows are characterized by an "overall good and steadily improving" status

in environmental quality. Compensation for various ecological components were also advancing. In 2023, the compensation standards had been progressively raised to RMB 10, RMB 16, and RMB 16 per mu for state-owned, collectively-owned, and privately-owned forests, respectively. A total of RMB 16.73 billion was allocated for forest ecological benefit compensation, covering 1.26 billion mu of national public welfare forests. The third round of grassland ecological protection subsidy and reward policies continued to be implemented, ccovering approximately 4.016 billion mu of grassland. Within this area, 1.206 billion mu were under grazing prohibition, while 2.81 billion mu were managed under grass-livestock balance principles. Additionally, 48 wetland ecological benefit compensation projects received support, with the central government allocating 1.5 billion yuan for wetland protection and restoration, including wetland ecological benefit compensation. Addressing the Yangtze River's fishing ban, central and local governments jointly provided 27.231 billion yuan in compensation and subsidies, facilitating the career transitions of approximately 160,000 fishermen along the river who were capable and willing to seek alternative employment.

**Headway has been made in environmental rights trading reform.** China successfully completed the ownership registration of natural resources in its first batch of three key regions, marking the successful "last mile" in establishing China's unified natural resource registration system, bringing tangible results to the ground. A milestone has been achieved in emissions trading mechanism development. Zhejiang Province unveiled the "Administrative Measures for the Paid Use and Trading of

Emission Rights in Zhejiang Province," accelerating the establishment of a unified emissions trading market across the province. Meanwhile, Ningxia Hui Autonomous Region issued the "Opinions on Deepening the Reform of the 'Six Rights,'" highlighting the need to optimize the service and management of emissions trading. The national carbon emissions trading market in China has been running smoothly and steadily. As of December 26, 2023, the total volume of carbon emission allowances traded reached 440 million tons (t), with a total transaction value of RMB 24.84 billion yuan. Ministry of Ecology and Environment, together with the State Administration for Market Regulation, issued the "Administrative Measures for Voluntary Greenhouse Gas Emission Reduction Trading (Trial)", launching a nationwide voluntary greenhouse gas emission reduction trading market. The national water rights trading system successfully completed its deployment, with 17 provinces and regions already leveraging the system to facilitate water use rights transactions. This innovative approach reduced transaction costs and promoted the optimal allocation and efficient use of water resources across broader areas. In November 2023, Benxi City, Liaoning Province, completed a water use rights transaction for 25,000 cubic meters of water, filling a gap of online water rights trading in the province. In December 2023, Heilongjiang Province achieved another breakthrough with the first inter-industry water use rights transaction between agricultural and non-agricultural sectors. The deal involved 247,500 cubic meters of water at a price of RMB 0.12 per cubic meter. This landmark transaction is a shining example of successful collaboration between river basins, provinces, and cities in advancing water rights trading.

**The construction of green tax system speeded up.** Since its introduction six years ago, China's Environmental Protection Tax (EPT) demonstrated stability in its overall revenue generation. In 2023, the EPT collection amounted to RMB 20.5 billion, marking a slight decline of 2.9% compared to the previous year. By the end of July 2023, a cumulative total of RMB 56.4 billion in tax incentives and reductions had been granted nationwide under the EPT framework. From 1.16 pollutants emission equivalents per 10,000 yuan of GDP in 2018, the figure plummeted to 0.73 in 2022, representing a 37% reduction. Tax incentives played a positive role in encouraging businesses to intensify their efforts in emission reduction and pollution control. The Ministry of Finance and the State Taxation Administration jointly issued two crucial announcements, Announcement on Continuation of Reduced Resource Tax for Coal Displaced by Backfill Mining and Announcement on Continuation of Reduced Resource Tax for Shale Gas, mandating that the resource tax on coal displaced by backfill mining would be reduced by 50%, and the resource tax on shale gas, which was normally levied at a statutory rate of 6%, would continue to enjoy a 30% reduction. In August 2023, the Ministry of Finance, the State Taxation Administration, the National Development and Reform Commission, and the Ministry of Ecology and Environment jointly released "Announcement on Corporate Income Tax Policies for Third-Party Enterprises Engaged in Pollution Prevention", extending the preferential tax reduction policy of income tax for third-party pollution prevention enterprises until December

31, 2027. Local authorities actively leveraged VAT (Value-Added Tax) incentives to put enterprises on a green development trajectory. Suzhou Tax Bureau, in partnership with the environmental authorities, revolutionized environmental governance by integrating VAT invoices and other tax data into their regulatory framework, involving nearly 10,000 tax-related records concerning pollutants like activated carbon, volatile phenols, and cutting fluids, and pinpointing 500 polluted enterprises. It effectively cracked down against ecological violations.

**Green finance reform ad innovation continued to gather momentum.** Green credit market was in high gear. By the end of 2023, China's green loan balance had soared to RMB 30.08 trillion, marking a 36.5% year-on-year growth—26.4 percentage points higher than the overall loan growth rate. This surge lifted green loans' share of total loans from 7.2% in March 2021 to 12.66% at the end of 2023. The green bond market also witnessed rapid expansion. As of the third quarter of 2023, China's green bond balance stood at RMB 1.98 trillion, ranking second globally and surpassing the RMB 1 trillion mark for three consecutive years. Since green bond pilot programs got off the ground in 2016, the exchange market had issued over RMB 700 billion in green bonds, financing projects in resource conservation, recycling, pollution prevention, clean energy, and ecological protection. The China Securities Regulatory Commission (CSRC) and the State-owned Assets Supervision and Administration Commission (SASAC) jointly issued a Notice on Supporting the Issuance of Green Bonds by Central Enterprises, outlining 13 measures across four aspects to bolster the steady growth of the green bond market. Green insurance continued to deepen. In 2023, green insurance premiums reached RMB 229.7 billion, with claims totaling RMB 121.46 billion.

**Environmental market policies were in full swing.** The environmental market policies continued to gather steam, with the Ecosystem-Oriented Development (EOD) model leading the charge. By the end of 2023, the Ministry of Ecology and Environment had presented 229 EOD projects to financial institutions, totaling RMB 971.8 billion in investment, with a financing demand of RMB 682.8 billion. Of these, RMB 201.2 billion in credit approvals had already been secured. Provinces like Shandong, Anhui, Jiangsu, Zhejiang, Fujian, Guangdong, Guangxi, Sichuan, Gansu, Yunnan, Shanxi, and Shaanxi had issued policies for provincial-level project inclusion or pilot applications. According to incomplete statistics, there are now 126 provincial-level EOD pilot projects nationwide. Eco-product value realization mechanism pilots continued to be pushed forward. Ningxia selected Yinchuan City, Guyuan City, Huinong District, Litong District, and Farms Agribusiness Group to pilot eco-product value realization mechanisms across municipal, county, and functional zone levels. In Shaanxi's Shangluo City, a leading group for the pilot was established, chaired by the city's top officials, ensuring high-level oversight to drive forward this initiative. Lishui City in Zhejiang outlined its 2023 priorities, detailing specific actions to advance eco-product value realization mechanisms. In August 2023, the Ministry of Finance, State Taxation Administration, National Development and Reform Commission, and Ministry of Ecology and Environment jointly issued Announcement on the Corporate Income Tax Policy for Third-Party Enterprises Engaged in

Pollution Prevention and Control, clarifying that eligible third-party enterprises engaged in pollution prevention would enjoy a reduced corporate income tax rate of 15%. This policy supported enterprises and local governments in exploring third-party pollution treatment models.

**The exploration of environmental resource value accounting deepened.** The Chinese Academy for Environmental Planning under the Ministry of Ecology and Environment, in collaboration with the China National Environmental Monitoring Centre, completed the Gross Ecosystem Product (GEP) and Gross Economic-Ecological Product (GEEP) accounting for over 2,800 counties in China in 2021. They also released the first list of top 100 counties based on GEP and GEEP, providing valuable insights for the creation of "Lucid Waters and Lush Mountains are Invaluable Assets" practice innovation bases, green development evaluation, ecological compensation policy formulation, and strategic planning for the fourth industrial revolution focused on ecology at provincial, municipal, and county levels. Guizhou Province made significant strides in GEP accounting, formulating the "Pilot Region GEP Accounting Plan (Trial)" and selecting five pilot regions—Chishui City, Dafang County, Jiangkou County, Leishan County, and Duyun City—to take the lead in conducting GEP calculations. Guizhou was the first province in China to conduct comprehensive GEP trials from 2018 to 2022 at provincial, municipal, and county levels. Beijing, building on years of continuous ecological index (EI) monitoring and evaluation, took the lead in implementing national GEP accounting standards by issuing the "Beijing Ecosystem Regulation Service Value (GEP-R) Accounting Plan".

The plan clarified to complete GEP-R accounting for municipal, district, and street/township administrative regions and key ecological spaces by the end of 2025, with annual results dynamically updated and gradually integrated into ecological compensation efforts. The Ministry of Ecology and Environment released "Technical Guidelines for Ecological Environment Damage Assessment - General Outline and Key Links - Part 4: Soil Ecological Environment Baseline Investigation and Determination" and "Technical Guidelines for Ecological Environment Damage Assessment - General Outline and Key Links - Part 3: Restoration Effect Assessment", standardizing the assessment of ecological damage restoration effectiveness. In 2023, the Ministry guided the implementation of eco-environment damage compensation cases, with 14,700 cases handled nationwide involving compensation totaling RMB 6.48 billion.

**Industry environmental economic policies thrived.** The Ministry of Ecology and Environment, in collaboration with the Ministry of Industry and Information Technology, rolled out the "Recommended List of Substitutes for Ozone-Depleting Substances in China", recommending 23 substitutes for three types of hydrochlorofluorocarbons (HCFCs) and outlining their primary application areas. The legal framework for disclosing environmental information became sounder. The Ministry of Ecology and Environment developed the "Guidelines for Voluntary Disclosure Format of Corporate Environmental Information" (Draft for Public Comments), assessing the quality of environmental information disclosed by over 80,000 enterprises in 2022. The Shenzhen Stock Exchange released the "White Paper on Environmental Information

Disclosure of Listed Companies in Shenzhen", sharing best practices of environmental information disclosure among Shenzhen-listed firms. Carbon information disclosure systems were refined. The Ministry of Ecology and Environment introduced two draft documents for public comments: the "Guidance on Enhancing Corporate Disclosure of Greenhouse Gas Emissions" and the "Work Guidelines for Corporate Disclosure of Greenhouse Gas Emissions," outlining a comprehensive policy framework aimed at advancing corporate transparency in greenhouse gas emissions. China has embraced ESG era in full force. In July 2023, the State-owned Assets Supervision and Administration Commission of the State Council issued the "Notice on Forwarding the 'Research on the Development of ESG Special Reports for Centrally-Administered State-Owned Enterprises's Listed Companies'." This initiative established a comprehensive indicator system comprising 14 primary indicators, 45 secondary indicators, and 132 tertiary indicators, serving as a technical guide for central enterprises and state-owned enterprises and their listed subsidiaries to prepare ESG reports. The 'Leader' standard system witnessed gradual refinement. By the end of 2023, relevant authorities had issued nearly 500 'Leader' evaluation group standards, and a 'Leader' list, covering over 1,900 enterprises and 3,200 standards. The nationwide environmental credit evaluation system advanced steadily. 28 provincial-level ecological and environmental departments formulated comprehensive environmental credit evaluation methodologies, empowering municipal or county-level ecological and environmental departments to conduct environmental credit evaluations.

The results of these evaluations serve as the cornerstone for tiered and categorized supervision, and should be shared on credit information platforms to be made public to the wider society.

Taking a holistic view, environmental economic policies provide sustained momentum for the ongoing battle against pollution, supporting high-quality development, and playing a pivotal role in accelerating the construction of Beautiful China. Firstly, the reform of environmental economic policies is confronted with fresh challenges and vast innovation potential. The transition phase of the European Union's Carbon Border Adjustment Mechanism (CBAM) has come into effect, posing significant short-term impacts on China's high-carbon intensive industries. This new international landscape of carbon reduction policies poses fresh demands on how China can effectively leverage market-based economic policy instruments within the framework of WTO international trade rules to navigate and respond to these changes. As the construction of Beautiful China progresses comprehensively and the battle against pollution intensifies, eco-environmental quality improves, policy barriers hindering the value conversion of ecological products have been dismantled, it sets the bar higher for pushing the boundaries of the innovation and application of environmental economic policies. This presents both unprecedented opportunities and challenges for their development and practical exploration. Secondly, the environmental economic policy system is progressively being bolstered. Multiple environmental and economic policies reforms, including green taxation and green finance, are steadily advancing. With policies such as ecological compensation and carbon trading being explored and deepened,

the values of ecological products are unlocked and waves of social capital are attracted. These initiatives have provided a long-term mechanism and financial support for eco-environmental protection, serving as a catalyst for structural shifts and comprehensive green development transformation. Thirdly, the reform and innovation of environmental economic policies in key areas have seen further advancements. The central government funneled greater investment into eco-environmental initiatives, addressing prominent environmental issues, and playing a pivotal role in channeling funds and catalyzing market forces. This fules the growth in eco-environmental protection industry. The reform of the ecological protection compensation system continues to gather pace, and the reform of the environmental rights trading system has been steadily pushed forward. The national carbon emissions trading market is well underway, and the voluntary greenhouse gas emissions reduction trading market has kicked off. The national water rights trading system is now fully deployed, with energy use rights systems being continually refined, seeing an expansion in trading volume and scale. Unprecedented support from green financial policies is fueling our efforts of green development and eco-environmental protection. New financing models for ecological and environmental governance projects, such as the EOD (Ecosystem-Oriented Development) model, are being groped for development. Milestones have been achieved in the disclosure of environmental information in accordance with the law. Fourthly, the regulatory role of environmental economic policies in crucial sectors is being further enhanced. The reforms in pricing ecological resources are gaining momentum, with positive strides in water and electricity tariffs.

Wastewater treatment charging mechanisms are being polished. Meanwhile, the reforms in waste collection fees and hazardous waste disposal charges are deepening. Green taxation is pulling double duty. The 'Leader' system is expanding its horizons in the service sector, with the water efficiency 'Leader' initiative leading the charge in inspiring innovation, clean production, and pollution prevention, propelling enterprises towards long-lasting green growth.

The impact of China's environmental economic policies, spanning fiscal and taxation incentives, subsidies, compensation schemes, and financial tools, has grown increasingly evident in our efforts to safeguard the environment. We're witnessing a steady refinement of long-term market-oriented mechanisms aimed at developing, utilizing, protecting, and enhancing eco-environment. However, gaps still exist when it comes to aligning with the "dual carbon" strategy, structural transformation, quality enhancements, and diversified governance demands. These gaps include inadequate policy supply, with economic policies not fully achieving comprehensive regulation of eco-environment development, utilization, protection, and improvement, as well as insufficient policy support for fostering a comprehensive green and low-carbon development transition. As China's ecological conservation efforts deepen, it reveals a complex interplay of multi-faceted, and multi-type environmental challenges across various stages. Navigating this intricate landscape demands an even sharper focus on the scientific, economic, and institutional strengths of our environmental economic policies. It's crucial to harmonize the relationship between administrative and market mechanisms—the "visible" and "invisible hands". This involves bolstering innovation in environmental economic policies, adopting a systematic design approach, implementing comprehensive regulation, and fostering integrated applications so that we can harness these policies as pivotal forces in modernizing environmental governance systems and capabilities.

# 目录

# 目录

# 目录

# 目录

# 1

# 环境经济政策发展形势研判

## 1.1　当前形势

2023 年是全面贯彻党的二十大精神的开局之年，也是生态环境领域具有里程碑意义的一年。党中央时隔五年再次召开全国生态环境保护大会，习近平总书记出席会议并发表重要讲话，深刻总结了我国生态文明建设的"四个重大转变"和必须处理好的"五个重大关系"，系统部署了"六项重大任务"，并强调"坚持和加强党的全面领导"这"一项重大要求"，为我们在新时代新征程继续推进生态文明建设提供了行动纲领和科学指南。

复杂多变的国际局势为环境经济政策营造发展环境。2023 年是国际关系发生重大深远演变的一年，大国博弈急速冲高，地缘冲突空前激烈。影响国际局势的多重变量复合叠加、加速突变，国际社会防范及管控一系列"灰犀牛""黑天鹅"难度激增。一方面，乌克兰危机、巴以冲突等地缘政治对抗叠加世界经济"泛安全化"和国际关键产供链"友岸化"趋势，进一步加剧世界经济下挫势头；另一方面，深刻影响国际局势轨迹的若干中长时段的重大因素也加速复合叠加、非线性突变，导致系统性风险激增。气候变化的系统性影响加速，人类不断向更多极端气候、水资源匮乏的"危崖"逼近，未来各种新挑战和人口大迁徙或将成为常态，国际和地区安全冲突更加频发。2023年12月13日结束的COP28会议在削减甲烷类温室气体排放上取得新共识，但国际社会总体减排承诺与《巴黎协定》确立的控制地球气温增幅目标仍相差甚远，扭转气候变化这场人类和地球生死之战的时间窗口仍在加速关闭。2023年，欧盟碳边境调节机制（CBAM）正式生效，并进入过渡期，未来可能对我国碳交易市场的运行和碳税定价，以及能源消费结构和产业结构产生显著影响。环境贸易政策、环境价格政策等环境经济政策亟须更充分地发挥激励作用。

稳中求进的国家发展总基调为深化环境经济政策改革提供动力引擎。2023年，面对复杂严峻的国际环境和艰巨繁重的国内改革发展稳定任务，我国经济回升向好，供给需求稳步改善，转型升级积极推进，就业、物价总体稳定，民生保障有力有效，高质量发展扎实推进，主要预期目标圆满实现。2023年，我国经济稳中有进，经济总量超126万亿元，同比增长5.2%。扩大内需战略深入实施，内需对经济贡献率达到79.1%，构成了我国经济稳如磐石的坚实底座，环境经济政策运用经济手段打通生产与消费之间的通道，为国家经济社会发展营造良好环境。

生态文明和美丽中国建设对环境经济政策运用提出迫切需求。2023年全国生态环境保护大会指出，完善绿色低碳发展经济政策，强化财政支持、税收政策支持、金融支持、价格政策支持。推进美丽中国建设所触及的生态环境矛盾问题层次更深、领域更广，要求也更高，减污与降碳、城市与农村、$PM_{2.5}$与臭氧防治、水环境治理与水生态保护、新污染物治理与传统污染物防治等工作交织，问题更加复杂，难度和挑战前所未有。需进一步发挥环境经济政策在环境质量改善、深入打好污染防治攻坚战、碳达峰碳中和、结构调整、高质量发展等方面作用。我国生态环境保护和美丽中国建设依然面临多种形势叠加，协同推进经济高质量发展和生态环境高水平保护要求更加迫切，生态文明建设和生态环境保护仍处于攻坚克难、负重前行的关键期，生态文明和美丽中国建设对环境经济政策改革创新提出新需求，环境质量持续改善对环境经济政策改革创新提出新挑战，环境经济政策体系建设尚需通过改革创新再上新台阶。

## 1.2 存在的主要问题

全面推进美丽中国建设是一项系统性、综合性、体系性很强的战略工程，这对环境经济政策改革与创新提出了时代新需求。目前，相较于生态环境质量持续改善、产业结构深入调整、充分发挥多元治理主体功能等现代环境治理与生态文明建设需求，环境经济政策依然存在供给不足，经济政策未充分实现对生态环境开发利用、保护和改善的全方位高效调控，政策调节效能还存在较大潜力空间，政策统筹实施与配套能力建设有待进一步加强等。生态环境保护管理工作以行政手段为主，市场机制不健全，造成环境外部成本不具有经济性，生态补偿、绿色金融等环境经济政策有待完善。

一是生态环境财政支出水平和支出效率尚待提高。财政投入总量与生态环境治理资金需求之间仍有很大差距，世界经济下挫势头加剧，环保投入资金保障的压力趋大。环境投资统计口径亟须适应生态环境保护工作新进展，生态文明建设需要进一步调整完善。

二是环境资源价格制度有待进一步理顺。资源稀缺价值、污染治理成本没有充分体现在水价政策制定目标中，价格工具的环境行为调节功能发挥不到位。

三是生态保护补偿政策有待进一步完善。横向补偿需要进一步加强，市场化、多元化补偿机制有待进一步突破，补偿标准有待进一步科学量化。生态保护补偿政策实施的法律基础还没有形成，仍存在包括生态保护红线在内的空间生态保护补偿机制不健全，补偿范围偏小、标准偏低，保护者和受益者良性互动的体制机制尚不完善，发展权益公平导向的可持续生态保护补偿长效机制不完善等问题。

四是环境权益交易制度需要进一步激发活力。自然资源产权政策存在产权交易定价、准入和分配机制不健全等问题。排污权交易试点工作的开展主要局限于省市层面，导致市场规模有限，交易市场的活跃性不够。碳市场存在交易结构、产品类型单一，信息披露、市场监管机制不健全，配额分配方式和配额方法不完善等问题。用能权交易依然存在跨区域交易机制不顺畅、企业能源统计和核算方法不统一、用能权存量交易实施难度大等问题。

五是环境保护税的调节激励作用有待进一步发挥。环境保护税调控范围较窄、调控力度不足；资源税收费标准过低，对生态环境成本考虑不足；增值税优惠条件较为严苛；消费税征收范围过窄，难以有效调控消费行为。

六是绿色金融在支撑实现"双碳"目标、持续推进生态环境质量改善中还面临诸多困境，相关标准有待完善，市场回报机制不健全，绿色金融产品有待创新。

七是环境市场政策尚未健全。社会资本在参与环境保护的招标和审查过程中存在门槛过高问题，无法大规模参与生态环境保护高技术领域投资等问题。生态环境导向的开发（EOD）模式行业跨度大，生态环境治理修复和生态网络构建需要专业环保机构完成，其模式应用还需进一步深入。

## 1.3 小结

长期以来，我国高度重视加强环境经济政策的顶层设计，深入推进生态环境政策改革与创新，环境经济政策体系得到不断完善，在我国生态文明建设和生态环境保护工作中的地位快速上升，有力推动了污染治理和生态保护，有效支撑服务了高质量发展，助推美丽中国建设。

一是环境经济政策体系不断完善。目前，我国基本建立了适应国情的环境经济政策体系。绿色税收、绿色金融等多项环境经济政策改革稳步推进，生态补偿、碳交易等政策在探索深化，促进了生态产品价值实现，广泛吸引了社会资本，为生态环境保护提供了长效机制和资金保障，为结构调整和全面绿色发展转型提供了动力。

二是重点领域环境经济政策改革与创新持续深化。中央财政持续加大生态环境资金的投入，推动突出生态环境问题解决，发挥了重要的资金投入引导和市场拉动效应，促进了生态环境保护产业的发展。生态补偿制度探索不断深化，成为生态产品价值实现机制的重要举措。环境权益交易制度改革持续推进，全国碳排放权市场正式启动，用水权、用能权制度建设不断完善，交易量和交易规模进一步扩大。绿色金融政策支持绿色发展和生态环境保护力度前所未有，EOD 模式等新型生态环境治理项目融资模式在探索前行，环境信息依法披露工作取得了里程碑式进展。

三是关键环节环境经济政策调节作用进一步加强。生态环境资源价格改革不断深入，水价、电价等相关价格政策取得积极进展，污水处理收费机制不断完善，非居民厨余垃圾处理计量收费制度开始推进，城镇生活垃圾收费政策进一步完善。稳步推进绿色税收制度和绿色金融政策

建设，各类绿色金融产品不断推新，为绿色产业发展奠定坚实基础。环保"领跑者"制度、能效"领跑者"制度、水效"领跑者"制度进一步制定与落实，引导激励积极开展技术创新、清洁生产、污染治理，助推长效绿色发展。

四是环境经济政策改革面临新的挑战与创新空间。在"双碳"目标的大背景下，环境经济政策范围进一步拓展，涵盖了减污降碳协同增效、促进实现"双碳"目标等。国际上，欧盟实施碳边境调节机制等新的政策，对我国在基于WTO国际贸易规则框架下发挥市场经济政策手段作用以有效应对提出了新诉求。美丽中国建设起步，污染防治攻坚战的深入推进，生态环境质量的持续改善，协同推进高质量发展与高水平保护，进一步打破生态产品价值转换的政策"堵点"等，对环境经济政策的创新与应用提出了更高的要求，为环境经济政策的发展与实践探索提供了前所未有的机遇与挑战。

当前，虽然我国财税、补贴、补偿、金融等环境经济政策在生态环境保护工作中发挥的作用越来越显著，生态环境开发、利用保护和改善的市场经济政策长效机制在逐步健全，但是与"双碳"目标、结构调整、质量改善、多元治理等需求依然存在差距，包括政策供给不足，经济政策未充分实现对生态环境开发利用、保护和改善的全方位调控，支撑服务全面绿色低碳发展转型的政策供给力度不足等。随着我国生态环境保护工作的不断深入推进，多阶段、多领域、多类型的生态环境问题交织，需要更加强调环境经济政策的科学性、经济性和制度化建设，进一步理顺行政手段和市场手段这两只"看得见的手"和"看不见的手"之间的关系，加大环境经济政策创新力度，实施系统设计、综合调控、集成应用，在环境治理体系和治理能力现代化建设中发挥重要作用。

# 2

# 绿色财政政策

近年来，我国生态环境治理财政支出不断增加，环境补贴、绿色财政等政策不断优化，环境财政体系建设取得突破性进展，有力地加快了我国生态文明建设步伐。但当前我国生态环境仍面临巨大的压力与挑战，财政投入总量与环境治理资金需求之间仍有很大差距，亟须建立生态环境保护财政投入的动态增长机制，完善生态环境事权和支出责任相适应的制度，进一步发挥财政政策激励约束作用，推进生态环境高水平保护。

## 2.1 节能环保预算支出

节能环保预算支出执行数较上年持续下降。2023 年 3 月，财政部公布 2023 年中央本级支出预算说明，2023 年中央本级支出预算数为37 890 亿元，比 2022 年执行数增加 2 320.08 亿元，增长 6.5%。节能环保支出预算数为 161.7 亿元，比 2022 年执行数减少 15.26 亿元，下降8.6%。其中，能源节约利用、可再生能源、其他节能环保支出等减少（图 2-1），比 2022 年执行数分别减少 4.71 亿元、16.78 亿元、1.52 亿元，分别下降 18.8%、60.1%、93.8%，其原因主要是 2022 年清洁能源发展相关支出基数较大。污染防治、天然林保护的预算数分别比 2022 年执行数增加 0.91 亿元和 6.58 亿元，增长 60.7% 和 33.5%，其原因主要是大气、水、土壤等污染防治支出以及森林保护相关支出增加。

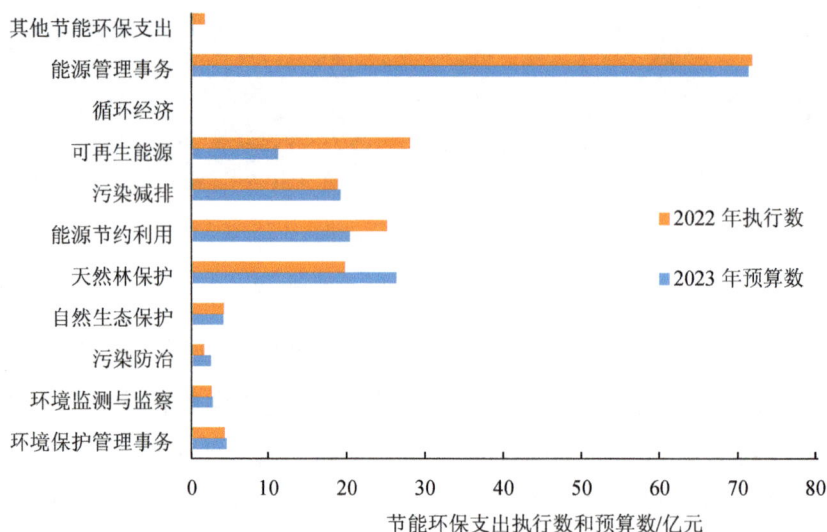

图 2-1    2023 年节能环保支出预算情况

数据来源：财政部，关于 2023 年中央本级支出预算的说明。

## 2.2  环境污染治理投资

环境污染治理投资总量逐年递减，占 GDP 比重持续降低。持续而稳定的环保投入为各项环保工作的有效进行提供了有力的基础与保障。2022 年，全国环境污染治理投资总额为 9 013.5 亿元，占 GDP 的 0.7%（图 2-2）。其中，城镇环境基础设施建设投资为 5 972 亿元，较 2021 年减少 606.27 亿元，降低 9%；老工业污染源治理投资为 285.7 亿元，较 2021 年减少 49.5 亿元，降低 15%；建设项目竣工验收环保投资为 2 755.8 亿元，较 2021 年增加 177.5 亿元，增长 7%。

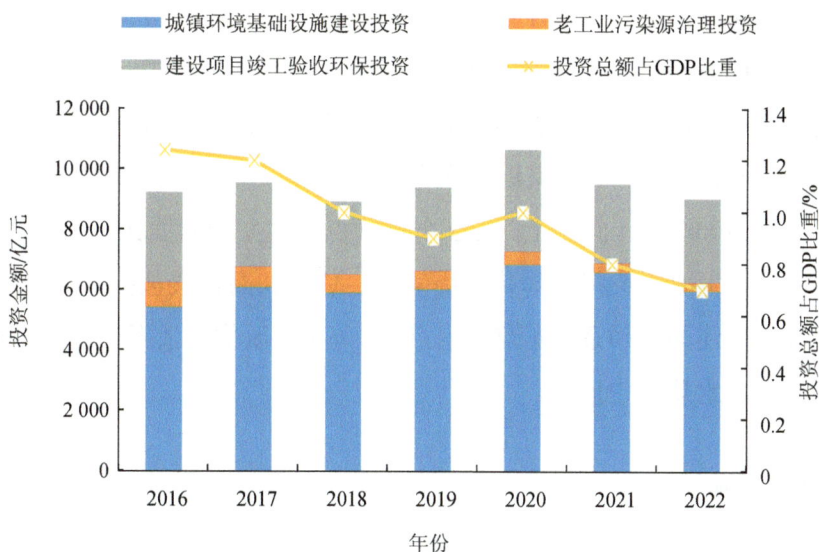

图 2-2　2016—2022 年环境污染治理投资情况

## 2.3　环保专项资金

自 2016 年以来，中央水污染防治专项资金逐年增加，2023 年中央分两批次安排水污染防治专项资金共 257.0 亿元（图 2-3），较 2022 年增加 21.2 亿元，增长 9%。其中，新疆生产建设兵团增幅最大，为 710.50%；北京、吉林、黑龙江、广东、海南、新疆增幅均超过 30%，分别同比增长 48.72%、44.77%、30.53%、36.02%、30.29%、31.37%；天津、上海、福建、广西、江西、辽宁以及江苏七省（区、市）出现下降，分别同比下降 44.67%、42.85%、29.05%、9.95%、7.73%、4.30%、1.43%（表 2-1）。

9

水污染防治资金重点支持开展流域水污染治理、流域水生态保护修复、集中式饮用水水源地保护、地下水生态环境保护、水污染防治监管能力建设等生态环境保护工作，实现重点流域水质持续改善，饮用水水源地水质稳中向好，地下水水质保持稳定。引导支持长江流域建立全流域横向生态保护补偿机制，加强长江、黄河流域生态环境保护，支持跨省横向生态保护补偿机制建设，促进流域水质逐步提高。2023 年，地表水质量持续向好，3 641 个国家地表水考核断面中，水质优良（Ⅰ～Ⅲ类）断面比例为 89.4%，同比上升 1.5 个百分点；劣Ⅴ类断面比例为 0.7%，同比持平，主要污染指标为化学需氧量、总磷和高锰酸盐指数；全国十大流域主要江河水质逐年好转；重点湖（库）水质优良情况同比上升 0.8 个百分点，水质稳中向好。

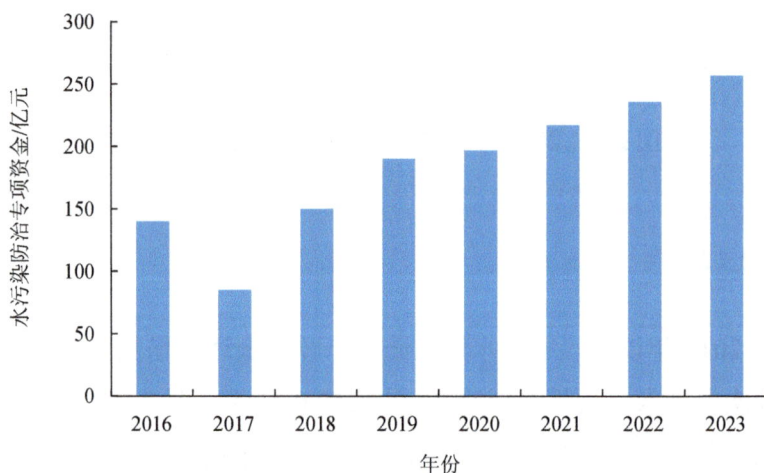

图 2-3　2016—2023 年水污染防治专项资金情况

表 2-1 　2023 年各地区（单位）水污染防治专项资金情况

| 序号 | 地区（单位） | 2023 年资金数/亿元 | 同比变化/% |
|---|---|---|---|
| 1 | 北京 | 1.20 | 48.72 |
| 2 | 天津 | 0.30 | −44.67 |
| 3 | 河北 | 6.94 | 13.05 |
| 4 | 山西 | 11.72 | 8.13 |
| 5 | 内蒙古 | 7.15 | 10.61 |
| 6 | 辽宁 | 3.79 | −4.30 |
| 7 | 吉林 | 4.01 | 44.77 |
| 8 | 黑龙江 | 4.02 | 30.53 |
| 9 | 上海 | 1.14 | −42.85 |
| 10 | 江苏 | 9.86 | −1.43 |
| 11 | 浙江 | 7.60 | 29.97 |
| 12 | 安徽 | 11.12 | 19.11 |
| 13 | 福建 | 2.87 | −29.05 |
| 14 | 江西 | 16.45 | −7.73 |
| 15 | 山东 | 9.27 | 8.15 |
| 16 | 河南 | 12.10 | 10.62 |
| 17 | 湖北 | 16.94 | 11.61 |
| 18 | 湖南 | 18.43 | 6.62 |
| 19 | 广东 | 6.94 | 36.02 |
| 20 | 广西 | 3.47 | −9.95 |
| 21 | 海南 | 0.94 | 30.29 |
| 22 | 重庆 | 6.76 | 28.81 |
| 23 | 四川 | 16.84 | 5.66 |
| 24 | 贵州 | 7.77 | 6.68 |

| 序号 | 地区（单位） | 2023 年资金数/亿元 | 同比变化/% |
|---|---|---|---|
| 25 | 云南 | 8.29 | 5.80 |
| 26 | 西藏 | 6.31 | 8.66 |
| 27 | 陕西 | 15.79 | 19.28 |
| 28 | 甘肃 | 10.00 | 10.06 |
| 29 | 青海 | 21.33 | 7.73 |
| 30 | 宁夏 | 3.78 | 4.52 |
| 31 | 新疆 | 3.35 | 31.37 |
| 32 | 新疆生产建设兵团 | 0.49 | 710.50 |

数据来源：《财政部关于提前下达 2023 年水污染防治资金预算的通知》《财政部关于下达 2023 年水污染防治资金预算（第二批）的通知》。

中央大气污染防治专项资金自"十四五"时期以来，沿承"十三五"期间的投入趋势，呈逐年约 10%的增长。2023 年中央安排大气污染防治专项资金 330.0 亿元（图 2-4），较 2022 年增加 31.5 亿元，增长 11%。其中，上海、四川、安徽、福建、重庆增幅较大，分别同比增长 87%、87%、72%、58%、58%；西藏、天津降幅较大，分别同比下降 37%、32%（表 2-2）。

中央财政安排大气污染防治专项资金重点支持北方地区冬季清洁取暖、工业污染深度治理、能力建设等重点工作，推动产业结构、能源结构不断优化调整，促进全国环境空气质量持续改善。2023 年，空气质量稳中向好，全国 339 个地级及以上城市 $PM_{2.5}$ 平均浓度为 30 $\mu g/m^3$，较新冠疫情前同期改善 16.7%；$PM_{10}$ 平均浓度为 53 $\mu g/m^3$，同比上升 3.9%；优良天数比例扣除沙尘异常超标天后为 86.8%，优于年度目标 0.6 个百分点；重度及以上污染天数平均比例扣除沙尘异常重污染天后为 1.1%；臭氧平均浓度略有下降，为 144 $\mu g/m^3$，同比下降 0.7%。

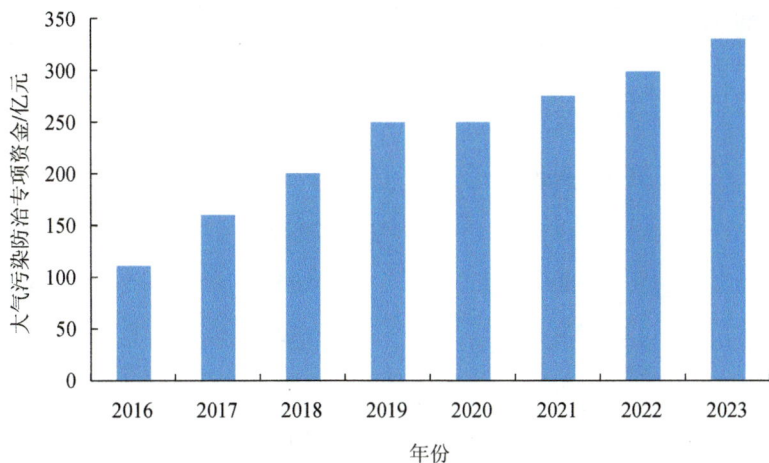

图 2-4　2016—2023 年大气污染防治专项资金情况

表 2-2　2023 年各地区（单位）大气污染防治专项资金情况

| 序号 | 地区（单位） | 2023 年资金数/亿元 | 同比变化/% |
|---|---|---|---|
| 1 | 北京 | 3.74 | -12 |
| 2 | 天津 | 3.79 | -32 |
| 3 | 河北 | 45.28 | 35 |
| 4 | 山西 | 21.28 | 36 |
| 5 | 内蒙古 | 18.01 | 11 |
| 6 | 辽宁 | 18.92 | 3 |
| 7 | 吉林 | 15.81 | 4 |
| 8 | 黑龙江 | 11.27 | -18 |
| 9 | 上海 | 1.07 | 87 |
| 10 | 江苏 | 5.33 | -3 |
| 11 | 浙江 | 1.57 | 34 |
| 12 | 安徽 | 7.42 | 72 |

| 序号 | 地区（单位） | 2023 年资金数/亿元 | 同比变化/% |
|---|---|---|---|
| 13 | 福建 | 4.11 | 58 |
| 14 | 江西 | 4.59 | 44 |
| 15 | 山东（青岛） | 39.57 | 13 |
| 16 | 河南 | 20.56 | −15 |
| 17 | 湖北 | 5.15 | 13 |
| 18 | 湖南 | 5.12 | 29 |
| 19 | 广东 | 5.03 | 7 |
| 20 | 广西 | 2.40 | 2 |
| 21 | 海南 | 1.21 | 27 |
| 22 | 重庆 | 2.98 | 58 |
| 23 | 四川 | 8.00 | 87 |
| 24 | 贵州 | 2.09 | 32 |
| 25 | 云南 | 2.39 | 47 |
| 26 | 西藏 | 0.41 | −37 |
| 27 | 陕西 | 16.21 | −25 |
| 28 | 甘肃 | 17.01 | 12 |
| 29 | 青海 | 9.72 | 11 |
| 30 | 宁夏 | 14.11 | −2 |
| 31 | 新疆 | 12.15 | 361 |
| 32 | 新疆生产建设兵团 | 3.69 | 48 |

数据来源：《财政部关于提前下达 2023 年大气污染防治资金预算的通知》《财政部关于下达 2023 年度大气污染防治资金预算（第二批）的通知》。

自 2016 年以来，中央土壤污染防治专项资金波动降低，2023 年中央安排土壤污染防治专项资金 44 亿元（图 2-5），与 2022 年持平。其中，吉林、黑龙江、新疆生产建设兵团、辽宁增幅较大,分别同比增长 1 008%、925%、153%、148%;北京、宁夏、内蒙古、山西降幅较大,分别同比下降 96%、91%、79%、58%(表 2-3)。中央财政安排土壤污染防治专项资金重点推进受污染耕地成因排查,减少污染土壤隐患;整治涉重金属历史遗留矿渣,逐步消除存量;持续推进全国受污染耕地安全利用;组织开展土壤污染重点监管单位源头管控和周边监测;有序推进建设用地风险管控和修复。

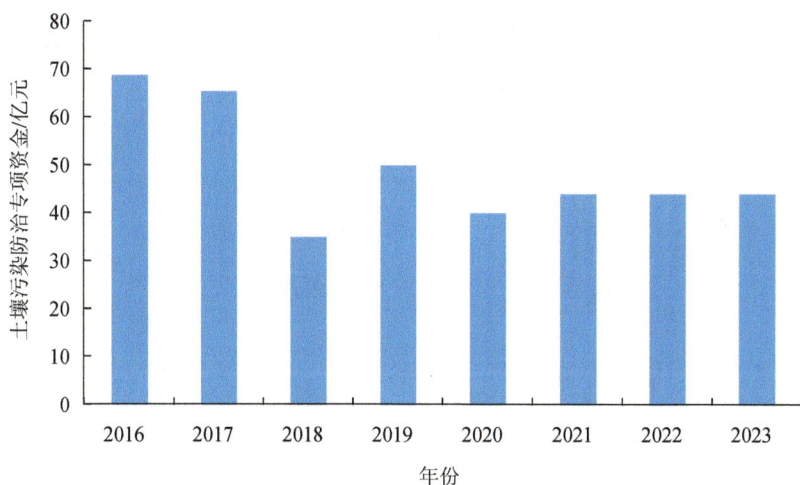

图 2-5　2016—2023 年土壤污染防治专项资金情况

表 2-3　2023 年各地区(单位)土壤污染防治专项资金情况

| 序号 | 地区(单位) | 2023 年资金数/万元 | 同比变化/% |
| --- | --- | --- | --- |
| 1 | 北京 | 129 | −96 |
| 2 | 天津 | 5 797 | −23 |
| 3 | 河北 | 22 051 | 46 |
| 4 | 山西 | 3 139 | −58 |

| 序号 | 地区（单位） | 2023 年资金数/万元 | 同比变化/% |
|---|---|---|---|
| 5 | 内蒙古 | 1 880 | −79 |
| 6 | 辽宁 | 13 767 | 148 |
| 7 | 吉林 | 4 565 | 1 008 |
| 8 | 黑龙江 | 3 506 | 925 |
| 9 | 上海 | 1 821 | −27 |
| 10 | 江苏 | 13 163 | −32 |
| 11 | 浙江 | 14 358 | −8 |
| 12 | 安徽 | 6 813 | −25 |
| 13 | 福建 | 17 192 | 70 |
| 14 | 江西 | 21 501 | 39 |
| 15 | 山东 | 14 921 | 3 |
| 16 | 河南 | 10 961 | −14 |
| 17 | 湖北 | 18 493 | −1 |
| 18 | 湖南 | 94 021 | −2 |
| 19 | 广东 | 11 917 | −31 |
| 20 | 广西 | 34 239 | −2 |
| 21 | 海南 | 1 635 | 14 |
| 22 | 重庆 | 12 183 | 2 |
| 23 | 四川 | 12 945 | −32 |
| 24 | 贵州 | 21 133 | −3 |
| 25 | 云南 | 32 029 | 9 |
| 26 | 西藏 | 2 499 | −15 |
| 27 | 陕西 | 26 316 | 66 |
| 28 | 甘肃 | 8 679 | −21 |
| 29 | 青海 | 2 359 | −23 |

| 序号 | 地区（单位） | 2023 年资金数/万元 | 同比变化/% |
|------|--------------|-------------------|-----------|
| 30 | 宁夏 | 160 | −91 |
| 31 | 新疆 | 5 320 | −28 |
| 32 | 新疆生产建设兵团 | 508 | 153 |

数据来源：《财政部关于提前下达 2023 年土壤污染防治资金预算的通知》《财政部关于下达 2023 年土壤污染防治资金预算（第二批）的通知》。

农村环境整治专项资金自 2008 年设立以来，截至 2023 年年底，中央财政共安排专项资金 689 亿元，其中 2023 年，中央财政安排专项资金 40 亿元（图 2-6），与 2022 年持平。2023 年，中央财政安排农村环境整治专项资金以推动完成 1.6 万个行政村环境整治任务、整治后村庄环境干净整洁为总体目标，重点支持试点省份开展农村黑臭水体整治，探索典型地区适用的治理模式和管理机制。2023 年各地区（单位）农村环境整治专项资金情况见表 2-4。

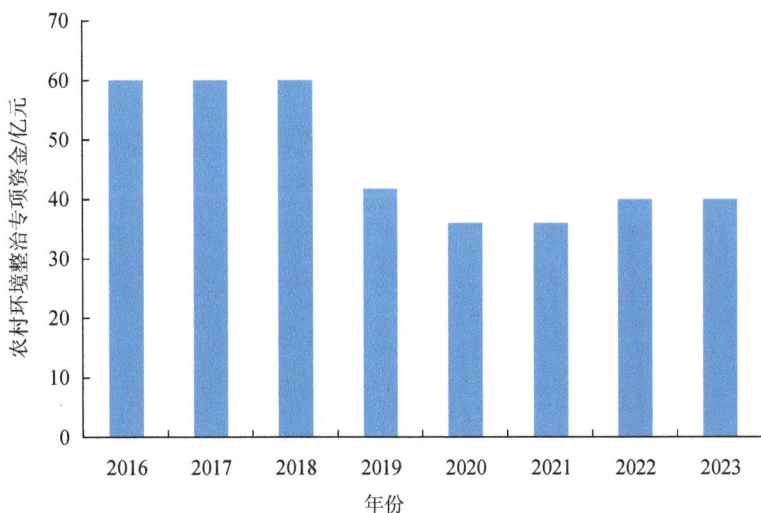

图 2-6　2016—2023 年农村环境整治专项资金情况

表 2-4　2023 年各地区（单位）农村环境整治专项资金情况

| 序号 | 地区（单位） | 2023 年资金数/万元 | 同比变化/% |
|---|---|---|---|
| 1 | 北京 | 590 | −68 |
| 2 | 河北 | 16 834 | −54 |
| 3 | 山西 | 14 868 | 5 |
| 4 | 内蒙古 | 7 802 | 0 |
| 5 | 辽宁 | 12 565 | 8 |
| 6 | 吉林 | 2 039 | −61 |
| 7 | 黑龙江 | 15 771 | 61 |
| 8 | 江苏 | 4 839 | −39 |
| 9 | 上海 | 651 | — |
| 10 | 安徽 | 40 686 | 232 |
| 11 | 福建 | 16 166 | 19 |
| 12 | 江西 | 12 554 | −25 |
| 13 | 山东 | 23 361 | −59 |
| 14 | 河南 | 27 921 | 11 |
| 15 | 湖北 | 36 133 | 49 |
| 16 | 湖南 | 36 268 | 129 |
| 17 | 广东 | 15 930 | −26 |
| 18 | 广西 | 7 970 | 18 |
| 19 | 海南 | 3 832 | −15 |
| 20 | 重庆 | 10 665 | 23 |
| 21 | 四川 | 17 415 | −27 |
| 22 | 贵州 | 8 879 | −17 |
| 23 | 云南 | 26 666 | 32 |
| 24 | 西藏 | 8 532 | 0 |

| 序号 | 地区（单位） | 2023 年资金数/万元 | 同比变化/% |
|---|---|---|---|
| 25 | 陕西 | 12 132 | 0 |
| 26 | 甘肃 | 4 849 | −26 |
| 27 | 青海 | 7 966 | 0 |
| 28 | 宁夏 | 572 | 0 |
| 29 | 新疆 | 5 342 | −31 |
| 30 | 新疆生产建设兵团 | 202 | −76 |

数据来源：《财政部关于提前下达 2023 年农村环境整治资金预算的通知》《财政部关于下达 2023 年农村环境整治资金预算（第二批）的通知》。

## 2.4　环境补贴政策

### 2.4.1　环保电价补贴政策

可再生能源补贴拨付地方金额总体增加。2022 年 11 月，财政部下发《关于提前下达 2023 年可再生能源电价附加补助地方资金预算的通知》，向山西、内蒙古、吉林、浙江、湖南、广西、重庆、四川、贵州、云南、甘肃、青海、新疆 13 个省（区、市）提前拨付 2023 年度可再生能源电价附加补助资金 47.1 亿元。2023 年 6 月，财政部再次下达 26.9 亿元可再生能源电价附加补助资金，此次下达增加了新疆生产建设兵团。两次下达的均是地方电网公司范围内的可再生能源补助（国家电网与南方电网范围内的补助另外单独下达），共计 74 亿元，其中风电项目补贴 49.5 亿元，光伏项目补贴 24.3 亿元，生物质项目补贴 2 656 万元。在拨付可再生能源补贴资金时，不同类型的项目按不同的优先级发放：①优先足额拨付：国家光伏扶贫项目、自然人分布式项目至 2023 年年底（50 kW 及以下装机规模的）、公共可再生能源独立系统项目至 2022 年年底、2019 年采取竞价方式确定的光伏项目、2020 年起采取"以收定支"原则确定的符合拨款条件的新增项目至 2022 年年底；②付补贴资金的 50%：国家确定的光伏"领跑者"项目和地方参照中央政策建设的村级光伏扶贫电站，优先保障拨付项目至 2022 年年底应付补贴资金的 50%；③等比例方式：对于其他发电项目，按照各项目至 2022 年年底应付补贴资金，采取等比例方式拨付。

## 2.4.2 新能源补贴政策

新能源汽车购置税减免政策不断优化。2023 年 6 月，财政部、税务总局、工业和信息化部联合发布《关于延续和优化新能源汽车车辆购置税减免政策的公告》，指出对购置日期在 2024 年 1 月 1 日至 2025 年 12 月 31 日的新能源汽车免征车辆购置税，其中，每辆新能源乘用车免税额不超过 3 万元；对购置日期在 2026 年 1 月 1 日至 2027 年 12 月 31 日的新能源汽车减半征收车辆购置税，其中，每辆新能源乘用车减税额不超过 1.5 万元。新能源汽车车辆购置税减免政策将延长至 2027 年年底，未来将提高税收政策的精准性和有效性，税收政策导向不仅注重"量"的扩张，也注重"质"的提升。

## 2.4.3 "双替代"补贴

中央财政分类精准实施北方地区冬季清洁取暖政策。目前，北方地区冬季清洁取暖率已经达到 76%，在提前下达的 2023 年大气污染防治资金预算中，安排 134.4 亿元用于清洁取暖试点，占比超过半数。财政部河北监管局、财政部宁夏监管局分别在 2023 年 1 月和 2024 年 1 月组织开展清洁取暖资金调研，提出政策建议。通过中央财政定额奖补与地方配套投入的有力引导，各地逐步完善采暖设备购置补助，电价、气价等项目建设运营补贴等价格、金融政策。

## 2.4.4 绿色农业补贴

中央财政加强耕地建设与利用资金管理。2023年上半年，中央财政安排资金1 215亿元，稳定实施耕地地力保护补贴政策；推动实行耕地轮作休耕政策，支持开展第三次全国土壤普查。2023年4月，财政部和农业农村部联合印发《耕地建设与利用资金管理办法》，明确了资金使用范围、资金测算分配、预算下达、预算执行、绩效管理和监督，同时废止了《农田建设补助资金管理办法》，以规范和加强耕地建设与利用资金管理，提高资金使用效益。2023年8月，《财政部关于下达2023年藏粮于地藏粮于技专项（盐碱地等后备耕地综合开发方向）中央基建投资预算的通知》指出，重点通过实施盐碱地等后备耕地综合开发项目，开发建成一批集中连片、生态环保、地力肥沃、设施配套、稳定持续的新增耕地，为全国耕地后备资源综合利用探索出可复制、可推广的经验。

地方财政积极推进耕地建设与利用资金管理。2023 年 11 月，为规范耕地占补平衡，加强补充耕地指标交易管理，提高补充耕地指标使用效益，江西省人民政府办公厅印发《江西省补充耕地指标交易管理办法》。2023 年 8 月，为规范和加强耕地建设与利用资金管理，提高资金使用效益，推动落实党中央、国务院和四川省委、省政府关于加强耕地建设与利用的决策部署，四川省财政厅、四川省农业农村厅印发《耕地建设与利用资金管理办法实施细则》。2023 年 12 月，为加强农业生态资源保护资金管理，提高资金使用的规范性、安全性和有效性，推动农业生态资源保护，服务乡村振兴战略，天津市财政局、天津市农业农村委员会印发《天津市农业生态资源保护资金管理办法》。

地方持续推进秸秆综合利用补贴政策实施。黑龙江省高度重视秸秆综合利用工作，从 2017 年开始，已连续 6 年印发年度秸秆综合利用工作实施方案。2023 年 10 月，结合 2023 年农业农村部关于做好秸秆综合利用工作的有关要求，在 2022 年秸秆综合利用工作实施方案的基础上，对部分扶持政策进行优化调整，黑龙江省人民政府办公厅印发《黑龙江省秸秆综合利用工作实施方案（试行）》，在秸秆还田方面，开展玉米秸秆翻埋还田、松耙碎混还田作业的，省级补贴每亩[①]32 元；开展玉米联合整地碎混还田作业的，省级补贴每亩 20 元；开展水稻秸秆翻埋还田、旋耕还田、原位搅浆还田作业的，省级补贴每亩 20 元；对因洪涝灾害绝产（绝收）的玉米和水稻地块，开展上述秸秆还田作业的，每亩再增加补贴 20 元；对在玉米或水稻同一地块开展秸秆部分离田作业后，剩余不低于 30%的秸秆进行还田作业的，省级按上述全量还田作业补贴标准的 80%进行补贴。在秸秆离田方面，每个重点县可在中央下达的秸秆综合利用试点县资金中，单独列支 300 万元，对秸秆加工利用主体、秸秆收储运体系等秸秆离田方面进行支持，具体补贴方向和标准，由县级自主编制工作方案，报省级备案后实施。在清理根茬残余物方面，开展玉米或水稻秸秆离田作业的地块，对该地块的秸秆残余物、根茬进行还田处理的，省级补贴每亩 10 元。在秸秆综合利用重点县专项工作任务方面，各重点县要按照农业农村部要求，开展秸秆综合利用展示基地建设、秸秆还田监测评价、农作物草谷比和秸秆可收集系数监测等专项工作任务，每个重点县补贴资金45万元。2023 年 6 月，云南省农业农村厅办公室印发《云南省农作物秸秆综合利用项目管理办法（试行）》，进一步规范了云南省农作物秸秆综合利用项目管理和资金使用。同期，山西省农业农村厅发布《关于做好 2023 年

---

① 1 亩=1/15 hm²。

农作物秸秆综合利用工作的通知》，表明中央财政补助资金采取"以奖代补"方式，将加大资金投入力度，强化政策导向，吸引社会资本投入，整合涉农资金加大向秸秆还田、收储运、加工利用等方面的支持力度，推动秸秆综合利用产业化发展。

## 专栏 2-1  《耕地建设与利用资金管理办法》中有关耕地建设与利用资金分配的规定

第九条  耕地建设与利用资金分配，遵循规范、公正、公开的原则，采用因素法和定额测算分配，并可根据粮食产量、绩效评价结果、预算执行情况、资金使用管理监督情况等因素进行适当调节。对落实党中央、国务院决策部署的特定事项及试点任务等，实行定额补助。

（一）耕地地力保护补贴支出。根据基期年度资金规模（90%）、基础资源（10%）等因素测算，其中基础资源因素包括耕地面积、粮食产量等，并可根据各省资金结余情况等进行调节。

（二）高标准农田建设支出。中央财政对地方开展高标准农田建设，按东、中、西部地区并考虑财政困难程度，给予差异化适当补助。高标准农田建设支出方向资金按照各省年度高标准农田建设任务（85%，包括新增建设和改造提升任务）、高效节水灌溉建设任务（5%）、上一年度省级财政通过一般公共预算支持高标准农田建设情况（10%）等因素测算分配。可对西藏自治区、新疆维吾尔自治区、新疆生产建设兵团、中央直属垦区予以适当倾斜。适当切块安排资金，可根据各省高标准农田建设成效、撬动社会资本投入高标准农田建设等情况实施奖补，奖补资金全部用于支持高标准农田建设。以当年耕地建设与利用资金高标准农田建设支出方向平均补助水平为基础，可综合考虑粮食主产省和东、中、西部地区等情况，对超过（或低于）平均补助水平一定幅度的地方适当调节。对高标准农田建设地方投入力度大、任务完成质量高、建后管护效果好的省（自治区、直辖市、新疆生产建设兵团），通过定额补助予以激励，激励资金全部用于支持高标准农田建设。

各地应当通过一般公共预算、政府性基金预算中的土地出让收入等渠道，支持本地区高标准农田建设。省级财政应当承担地方财政投入高标准农田建设的主要支出责任。地方各级财政应当合理保障高标准农田建后管护支出。

（三）盐碱地综合利用试点支出。通过定额补助支持盐碱地综合利用试点工作。

（四）黑土地保护支出。根据基础资源因素（10%）、政策任务因素（90%）测算，基础资源因素包括黑土地面积等，政策任务因素包括秸秆覆盖免（少）耕播种面积、深松深翻面积、黑土地保护利用试点县数等。

（五）耕地轮作休耕支出。根据耕地轮作休耕任务面积以及承担党中央、国务院决策部署的特定试点任务的定额资金量测算。

（六）耕地质量提升支出。根据基础资源（20%）、政策任务（75%）、脱贫地区（5%）等因素测算。其中基础资源因素包括耕地面积、粮食产量等，政策任务因素包括退化耕地治理实施面积等，脱贫地区因素包括832个脱贫县（原国家扶贫开发工作重点县和连片特困地区县）粮食播种面积和所在省脱贫人口等。

（七）耕地建设与利用其他重点任务支出。根据重点任务具体情况测算。

## 2.5  政府绿色采购政策

中央财政持续推广绿色低碳理念。实施政府采购支持绿色建材促进建筑品质提升政策是促进建材产业高质量发展的有效途径，是创新财政宏观调控工具的重要内容，也是实现"双碳"目标的必然要求。2023 年 3 月，财政部办公厅、住房和城乡建设部办公厅、工业和信息化部办公厅联合印发《政府采购支持绿色建材促进建筑品质提升政策项目实施指南》，以推进政府采购支持绿色建材促进建筑品质提升政策实施工作。为落实党中央、国务院"双碳"重大战略决策的重要内容，推进数字产业绿色低碳发展，2023 年 3 月，财政部、生态环境部、工业和信息化部联合印发《绿色数据中心政府采购需求标准（试行）》，以加快数据中心绿色转型。

地方积极完善政府绿色采购政策。2023 年 6 月，江苏省财政厅发布《关于加强政府绿色采购有关事项的通知》，要求在货物类采购项目需求中，要综合考虑节能环保、节水、循环再生、低碳、有机等因素。2023 年 7 月，山东省财政厅、山东省住房和城乡建设厅、山东省工业和信息化厅联合印发《山东省政府采购支持绿色建材促进建筑品质提升试点工作推进方案》，坚持试点先行，选择部分绿色发展基础较好的城市开展试点，充分发挥试点城市的引领示范作用，提出到 2025 年，实现试点城市政府采购工程项目政策实施全覆盖，其他政府投资项目陆续纳入实施范围。

## 2.6 小结

### 2.6.1 存在的问题

绿色财政投入总量与结构难以满足美丽中国建设。《关于全面推进美丽中国建设的意见》要求"强化激励政策""强化财政对美丽中国建设支持力度，优化生态文明建设领域财政资源配置，确保投入规模同建设任务相匹配"。然而从总量来看，节能环保预算支出执行数、环境污染治理投资历年下降，可能加大生态环境风险；从结构来看，重点攻坚领域的水、大气以及土壤污染防治专项资金稳中有升，但污染协同治理领域的绿色财政政策还较为模糊，如何处理好美丽中国建设中的重点攻坚与协同治理的关系还需要进一步深研与明确标准。此外，重点面向"双碳"目标的实现，仅从激励政策角度难以保证能源供应、工业、建筑以及交通等全领域的投资需求，保障"双碳"目标的财政效用有待充分释放。

环境补贴政策的绩效评估有待规范与明确。伴随顶层设计在环保电价、新能源汽车、"双替代"、绿色农业等方面的补贴政策不断细化与完善，资金投入总量无法准确衡量绿色发展效果，细化至每种补贴政策的差异化效果评价是必要的。尽管中央和地方在环境补贴政策方面均加强了资金管理，或通过如新能源汽车购置税减免等政策调整不断支持新能源领域产业发展，但多种补贴对象的多元化使环境补贴政策效益水平具有较大的不确定性，单一环境补贴政策的生态效益与经济效益是否得到优化还不明确。

政府绿色采购效率有待提升。基于数据可获性，2022 年全国优先采购环保产品占同类产品采购规模的 87.1%。绿色采购规模较大情况下，地方政府可能为了政绩，对市场经济进行干预，优先考虑当地企业的绿色产品或者服务，不利于政府绿色采购财政资金使用效率的最大化。从全国范围来看，会抑制政府绿色采购对"双碳"目标实现的促进作用。

## 2.6.2 发展方向

面向美丽中国建设优化财政资源。厘清中央和地方两级政府绿色财政预算资金收支结构，在财政预算编制环节突出中央目标导向和地方差异化污染治理问题导向，明确重点区域、重点流域、重点领域的绿色发展投入比例，明确不同区域的经济发展与污染防治任务，中央引导财政投入规模与地方建设任务适配，确保在生态环境保护、绿色能源使用等方面的资金充分使用。建立健全财政监管体系，加强对生态文明建设相关项目资金使用情况的监督和审计，形成有序的绿色财政政策反馈机制。可将生态文明建设领域绩效指标深度融入财政预算管理全过程，通过项目资金投入情况、经济效益、环保效益等多维度的评价及时调整优化财政资源投入方案。

构建科学的环境补贴政策绩效评估体系。在重点关注环境影响的基础上，充分考虑经济增长、社会公平等多因素，明确各种补贴政策的利益相关主体，逐步建立完善的环境指标、产业数据以及社会经济数据收集和监测系统，分补贴类型设立可量化的绩效评估指标，加强环保电价、新能源、"双替代"、绿色农业等方面的补贴政策效果研究，积极推进各种补贴政策的调研进度，减少环境补贴在解决市场失灵的同时产生的副作用。通过现有补贴政策的绩效分析，加大向环保类技术和企业的倾斜力度，以激发企业的绿色创新积极性。地方在遵循中央财政政策基本思路时因地制宜地推进地方补贴政策实践，形成央地互动的环境补贴政策完善路径，推进科学的环境补贴政策绩效评估体系构建。

　　提升政府绿色采购效率。健全绿色采购的招标方式，避免政府绿色采购出现地方保护主义。提高政府绿色采购信息透明度，披露绿色采购的规模、绿色采购占总采购规模的比重以及所采购绿色产品的种类、价格、供应商等信息，强化绿色采购监管。制定并推行绿色供应商认证制度，鼓励供应商采用环保、可再生资源和低碳足迹的生产和供应方式。建立纳入碳排放情况、绿色低碳生活、绿色低碳技术、产业结构绿色化等的绿色采购绩效评价体系。

# 3

# 环境资源价格政策

　　环境资源价格政策作为一种环境经济手段，在促进环境保护和绿色低碳发展中发挥着重要作用。我国已建立起了有利于绿色发展的价格机制，并不断完善环境资源价格机制，以更好发挥价格杠杆引导资源优化配置、实现生态环境成本内部化、促进全社会节约、加快绿色环保产业发展的积极作用，在实现"双碳"目标的路上不断发挥协同作用。但与生态文明建设的时代要求和打好污染防治攻坚战的迫切需要相比，环境资源价格政策还存在价格机制不够完善、政策体系不够系统、部分地区落实不到位等问题，亟须进一步深化我国环境资源价格政策改革，创新和完善价格机制。

## 3.1 水价政策

　　深化水价政策改革促进水资源节约集约利用。2023 年 7 月，水利部、国家发展改革委等 9 部门联合印发《关于推广合同节水管理的若干措施》（水节约〔2023〕242 号），提出"推进水利工程供水价格改革和农业水价综合改革，实施差别化水价政策，鼓励开展用水权交易，积极推动农业灌溉、重点用水行业等领域实施合同节水管理项目节约的水量，通过用水权转让、收储等方式进行交易"等政策引领措施，为推广合同节水管理、促进节水产业发展提供有力支撑，以水资源节约集约利用促进经济社会发展方式绿色转型。2023年9月，国家发展改革委等部门印发《关于进一步加强水资源节约集约利用的意见》（发改环资〔2023〕1193号），明确"全面深化水价改革，深入推进农业水价综合改革，健全城镇供水价格形成和动态调整机制，推行居民阶梯水价、非居民用水及特种用水超定额累进加价。稳步推进水资源税改革，对试点地区取用地表水或地下水的单位和个人征收水资源税，并停止征收水资源费"等经济政策保障措施，推进水资源总量管理、科学配置、全面节约、循环利用。

水利部开展深化农业水价综合改革推进现代化灌区建设试点工作。水利部于2023年3月印发《关于组织开展深化农业水价综合改革推进现代化灌区建设试点工作的通知》，开展深化农业水价综合改革推进现代化灌区建设试点工作，通过中央财政水利发展资金、考核激励等对试点地区进行支持，加快形成一批可复制、可推广的先进模式和典型案例，发挥示范带动作用。要求各省级水行政主管部门要深入落实"节水优先、空间均衡、系统治理、两手发力"治水思路，以深化农业水价综合改革为抓手，对灌区科学分类，建立分类精准的政策供给体系，通过创新建设管理模式和投融资方式，"两手发力"建成一批"设施完善、节水高效、管理科学、生态良好"的现代化灌区。5月，水利部公布了第一批深化农业水价综合改革推进现代化灌区建设试点名单，全国共11个试点灌区和10个试点县（区）入选。

**专栏 3-1 第一批深化农业水价综合改革推进现代化灌区建设试点名单**

(1) 试点灌区 (11个)

河　北：洋河二灌区

内蒙古：河套灌区（永济灌域）

辽　宁：辽阳灌区

黑龙江：青龙山灌区

江　苏：新禹河灌区

浙　江：上塘河灌区

山　东：豆腐窝灌区

河　南：打磨岗灌区、红旗渠灌区

云　南：弥泸灌区、蜻蛉河灌区

(2) 试点县（区）(10个)

山　西：运城市芮城县

江　苏：泰州市姜堰区

浙　江：湖州市南浔区

江　西：抚州市宜黄县

山　东：德州市宁津县

四　川：眉山市东坡区

陕　西：渭南市合阳县

宁　夏：吴忠市利通区

云　南：楚雄彝族自治州元谋县、大理白族自治州宾川县各地积极深化农业水价综合改革。各地以健全农业水价形成机制为核心，持续深入推进农业水价综合改革，推动改革各项措施落地见效，巩固改革成果，保质保量完成改革任务。2023年4月，青海省发展改革委印发《关于做好2023年度农业水价综合改革工作的通知》（青发改价格〔2023〕178号），扎实推进2023年度农业水价综合改革工作，建立完善农业水价综合改革精准补贴和节水奖励机制，用好农业水价综合改革补助资金，确保资金使用规范高效。云南省抓住农业水价综合改革"牛鼻子"，大力推广适用的农业水价综合改革模式，建立有利于促进水资源节约和水利工程良性运行的水价形成机制，截至2023年12月底，云南省完成年度改革面积464万亩，达到年度改革目标的107%，累计完成改革面积3 156万亩，达到总体改革目标的105%，如期完成改革目标；云南省129个县（市、区）均已建立工程建设和管护、用水管理、农业水价形成、精准补贴和节水奖励"四项机制"，改革地区灌溉供水保证率提高至75%以上，灌溉水有效利用系数从改革前的0.46提升至0.518，农业用水效率进一步提高，农业灌溉条件进一步改善。2023年5月6日，全国深化农业水价综合改革推进现代化灌区建设现场会在楚雄彝族自治州元谋召开，将云南改革经验作为"教科书"向全国推广。

## 3.2 电价政策

国家和多地出台针对煤电容量电价的政策。2023年11月，国家发展改革委、国家能源局联合印发《关于建立煤电容量电价机制的通知》（发改价格〔2023〕1501号），决定自2024年1月1日起建立煤电容量电价机制，对煤电实行两部制电价政策。其中，电量电价通过市场化方式形成，容量电价水平根据煤电转型进度等实际情况逐步调整，充分体现煤电对电力系统的支撑调节价值，更好地保障电力系统安全运行，为承载更大规模的新能源发展奠定坚实基础。容量电价机制是我国电力体制改革进程中又一重磅政策，对理顺煤电价格形成机制、科学反映成本构成、更好发挥煤电行业的基础保障性和系统调节性作用具有重要意义。完善煤电容量电价形成机制，将煤电基准价进一步拆分为电量电价和容量电价两部分，有助于明确不同电源在电力系统中应承担的义务、应享受的权利和应获得的合理收益，这将有效促进电力市场建设，有利于推动新型电力系统电价机制的形成。截至2023年12月底，山东、广东、江苏等12个地区陆续出台容量电价政策落实国家要求，结合各地具体情况，就容量电价水平、电费分摊、电费考核等提出具体措施，以统一规范考核机制，确保电力市场平稳运行。其中，山东将现行市场化容量补偿电价用户侧收取标准下调至0.070 5元/（kW·h）[原0.099 1元/（kW·h）]；广东新增气电容量电价机制，价格暂定为100元/（kW·a）。

推进第三监管周期输配电价改革。2023 年 5 月，国家发展改革委印发《国家发展改革委关于第三监管周期省级电网输配电价及有关事项的通知》（发改价格〔2023〕526 号），在严格成本监审基础上核定第三监管周期省级电网输配电价。此次输配电价改革在完善输配电价监管体系、加快推动电力市场建设等方面迈出了重要步伐。一是输配电价结构更加合理，不同电压等级电价更好地反映了供电成本差异，为促进电力市场交易、推动增量配电网微电网等发展创造有利条件；二是输配电价功能定位更加清晰，将原包含在输配电价中的上网环节线损和抽水蓄能容量电费单列，有利于更加及时、合理体现用户购电线损变化，清晰反映电力系统调节资源费用，进一步强化电网准许收入监管；三是激励约束机制更加健全，对负荷率较高的两部制用户的需量电价实施打折优惠，有利于引导用户合理报装容量，提升电力系统经济性。近年来，从深化燃煤发电上网电价市场化改革，到目前第三监管周期输配电价改革，我国电价改革不断在"放好""管好"电价中发力，为我国电力市场改革创造了有利条件，助推电力市场改革向纵深加速推进。

## 3.3 环境污染治理收费政策

多地持续深化污水处理收费政策改革。进一步深化污水处理收费机制改革，是当前和今后一个时期价格工作的一项重要任务，2023 年，贵州、四川等地持续深化污水处理收费政策改革。2023 年 5 月，四川省发展改革委印发《四川省污水处理定价成本监审办法》（川发改价格规〔2023〕254 号），进一步规范四川省污水处理定价成本监审行为，提高污水处理定价成本监审的科学性、合理性和规范性。2023 年 10 月，贵州省发展改革委等 5 部门出台《关于进一步深化污水处理收费机制改革的实施意见》（黔发改价格〔2023〕722 号），提出要按照"污染付费、公平负担、补偿成本、合理盈利"的原则，合理制定和调整征收标准，建立健全适应水污染防治和绿色发展要求的污水处理收费长效机制，提出了 2025 年、2027 年两个时间节点的改革任务，明确了健全和创新收费形成和动态调整机制、有序实行污水排放差别化收费、完善污水处理服务费形成机制、探索推行厂网一体化收费模式、全环节加强污水处理收费监管等十大方面的政策措施，系统完善污水处理收费及相关配套政策，以更大力度、更深层次、更具创新的改革举措，更好地激发行业发展动力与活力，有效推动污水处理提质增效。

持续深化垃圾收费及危险废物处置费政策改革。国家发展改革委于 2023 年 1 月发布《中华人民共和国国家发展和改革委员会公告（2023 年第 1 号）》，制定了《政府定价的经营服务性收费目录清单（2023 版）》，目录清单中涉及北京、天津、河北、山西、内蒙古、辽宁、吉林、黑龙江等 31 个省（区、市）的环保类别收费情况。其中，北京、河北、山西、内蒙古、上海、江苏、浙江等部分省（区、市）对生活垃圾处理费及危险废物处置费进行了定价调整，持续深化垃圾处理费及危险废物处置费政策改革（表 3-1）。

表 3-1　部分省（区、市）生活垃圾处理费及危险废物处置费标准

| 省（区、市） | | 收费标准 | 收费文件 |
|---|---|---|---|
| 北京 | 居民生活垃圾处理费 | 生活垃圾清运费：30 元/（户·a） | 京价（收）字〔1999〕253 号 |
| | 非居民生活垃圾处理费 | 具体收费标准见相关文件 | 京发改〔2013〕2662 号、京建法〔2018〕7 号、京发改〔2021〕1277 号 |
| | 医疗废物处置费 | 不高于 3 000 元/t | 京价（收）字〔2003〕303 号、京发改〔2014〕2137 号 |
| | 其他危险废物处置费 | 固化填埋 1 945 元/t，直接填埋 1 591 元/t，普通焚烧（热值≥3 750 kcal/kg）1 995 元/t，低热值焚烧（热值＜3 750 kcal/kg）2 195 元/t。上述收费标准允许下浮，下浮幅度不限 | 京发改〔2008〕1008 号 |
| 河北 | 居民生活垃圾处理费 | 2～3 元/户 | 冀价格〔2002〕872 号、冀价政调〔2018〕42 号 |
| | 非居民生活垃圾处理费 | 单位、学校等（按人收取）：0.2～2 元/（人·月）；按经营面积收取：0.15～0.4 元/（m²·月）；宾馆、医院等：1～5 元/（床·月），部分市按床位 50%，4～16 元/（床·月）收取；农贸、集贸市场：5～15 元/（摊·月）。运营车辆：部分市按车固定收取，出租车、公交车 1 元/（车·月），客运车辆 2 元/（车·月）；部分市按车型收取，客车 6 座及以下 2 元/（车·月），7～20 座 3 元/（车·月），20 座以上 4 元/（车·月）。具体收费标准见各市、县相关文件 | |

| 省（区、市） | | 收费标准 | 收费文件 |
|---|---|---|---|
| 河北 | 医疗废物处置费 | 有固定床位的医疗机构，每床 1.6～5 元/日，无固定床位的按实际产生废弃物数量 2.7～6 元/kg 收取。具体收费标准见各市、县相关文件 | 冀价经费〔2004〕4 号等 |
| | 其他危险废物处置费 | 具体收费标准见各市、县相关文件 | |
| 山西 | 居民生活垃圾处理费 | 3.5～5 元/（户·月），具体收费标准见各市、县相关文件 | 晋价费字〔2003〕63 号、晋发改服价发〔2018〕709 号等 |
| | 非居民生活垃圾处理费 | 机关、社会团体、企事业单位及驻并部队 40～105 元/t；宾馆、旅店业 2～12 元/（床·月）；商业门店及其他商业用房 0.2～1.2 元/（m²·月）；长途客运车辆 1.5～2 元/（座·月）；餐厨垃圾：2～18 元/（间·日）。具体收费标准见各市、县相关文件 | |
| 内蒙古 | 居民生活垃圾处理费 | 1～5 元/（户·月），具体收费标准见各市（盟）、县（旗）相关文件 | 内发改价费字〔2021〕1170 号等 |
| | 非居民生活垃圾处理费 | 不同经营场所分为平方米、摊位、床位、座位、包月等计费：0.1～1 元/（月·m²）或 2～2.5 元/（摊位·天）或 1.5～2 元/（床位·月）或 3.5 元/（座位·月）或 10～300 元/月。具体收费标准见各市（盟）、县（旗）相关文件 | |
| | 医疗废物处置费 | 具体收费标准见各市（盟）相关文件 | 内发改价费字〔2021〕1170 号等 |
| | 其他危险废物处置费 | 高温焚烧每千克3.5元；固化、安全填埋2.7元/kg；直接填埋1.8元/kg；剧毒类400元/kg；含易制化学品类处置67元/kg。具体收费标准见各市（盟）相关文件 | |

| 省（区、市） | | 收费标准 | 收费文件 |
|---|---|---|---|
| 上海 | 非居民生活垃圾处理费 | 餐厨垃圾，基数内最高 60 元/桶，基数外最高 120 元/桶。<br>高级宾馆（四、五星级宾馆）、歌厅、舞厅、卡拉 OK 歌舞厅、台球房、高尔夫球场、保龄球馆、游艺厅、桑拿浴室（按摩）、足浴室等企业生活垃圾（不含餐厨垃圾），基数内最高 80 元/桶，基数外最高 160 元/桶。<br>其他生活垃圾，基数内最高 40 元/桶，基数外最高 80 元/桶 | 沪价费〔2013〕10 号、沪价费〔2018〕6 号、沪绿容〔2020〕497 号 |
| | 医疗废物处置费 | 有床位医疗卫生机构：按床位缴费为 3.9 元/（床·日），按医疗废物重量缴费 3.3 元/kg。<br>无床位医疗卫生机构：月产生医疗废物 100 kg 以上的 3.3 元/kg，月产生医疗废物 30～100 kg 的 260 元/月，月产生医疗废物 10～30 kg 的 145 元/月，月产生医疗废物 10 kg 以下的 90 元/月 | 沪价费〔2018〕3 号等 |
| | 其他危险废物处置费 | 飞灰 1 860 元/t、废电池 2 340 元/t、工业危险废物 2 340 元/t、仪电废物 1 680 元/m³（上述 4 类均不含运输、预处理费用）；<br>感光废液 2 600 元/t、废胶片 1 000 元/t、废胶卷 1 500 元/t、冲洗过的废相纸 1 000 元/t | 沪价费〔2004〕008 号、沪价费〔2004〕055 号 |
| 江苏 | 居民生活垃圾处理费 | 2～6 元/（户·月），具体收费标准见各市、县相关文件 | 苏价工〔2009〕60 号、苏价工〔2009〕310 号等 |
| | 非居民生活垃圾处理费 | 单位按人收取 1～4 元/（人·月）；按经营面积收取 0.15～1.5 元/（m²·月）；按垃圾产生量收取 21～40 元/t 等。<br>具体收费标准见各市、县相关文件 | |
| | 医疗废物处置费 | 计重收取 2.5～5.85 元/kg；按病床数收取 1.55～2.2 元/（床·日）。<br>具体收费标准见各市、县相关文件 | 苏价费〔2018〕169 号等 |
| | 其他危险废物处置费 | 1.3～5.85 元/kg；工业危险废物、社会源危险废物和剧毒品废弃物：焚烧 2～20 元/kg，填埋 2.8～3.2 元/kg。<br>具体收费标准见各市、县相关文件 | |

| 省（区、市） | | 收费标准 | 收费文件 |
|---|---|---|---|
| 浙江 | 居民生活垃圾处理费 | 生活垃圾清运费、代运费为 10～360 元/t，或每人 2～8 元/（人·月），或 10～72 元/（户·年）等。 | 浙发改价格〔2022〕163 号等 |
| | 非居民生活垃圾处理费 | 具体收费标准见各市相关文件 | |
| | 医疗废物处置费 | 按 2.5～3.3 元/（床·日）不等标准收费 | 浙发改价格〔2022〕163 号等 |
| | 其他危险废物处置费 | 其他工业危险废物按 0.08～80 万元/t 不等的标准收费。具体收费标准见各市相关文件 | |

## 3.4 小结

### 3.4.1 存在的问题

农业水价综合改革仍存在一些问题。一是地区间改革进度不平衡，各省（区、市）内不同区域的改革也存在进展差异，大、中型灌区与小型灌区、经济作物灌区与粮食作物灌区等的改革进度不平衡。二是水价调整落实难度较大，与"总体达到运行维护成本水平"的改革目标仍有差距，目前大、中型灌区农业灌溉平均执行水价仅占运行成本水价的50%左右，农业水费实收率不足 70%。三是由于农作物用水定额制定偏高、灌溉用水计量不到位、农业水费实收率低，节水奖励和精准补贴实施难度大；节水奖补资金来源有限，主要依靠中央和省级财政补助，奖补政策实施未达预期。

现行电价政策仍存在一些问题。当前差别电价执行标准仍然偏低，且电解铝等行业的部分企业自备电厂供电比例较高，外购电相对较少，差别电费难以起到有效制约和淘汰落后产能的作用；此外，差别电价、阶梯电价和惩罚性电价均未将二氧化碳排放及可再生能源作为加价因素考虑，不利于落实"双碳"目标和任务。

环境污染治理收费政策尚不健全。一是污水处理收费价格机制有待调整。目前，污水处理费仍无法覆盖污水处理的全成本，随着提标改造的不断推进，污水处理成本倒挂的现象会越发加深，大部分城市的污水处理费难以满足更高标准的需求，很难满足企业的可持续发展。二是城市居民生活垃圾处理收费体制尚不完善。从各城市来看，居民家庭普遍实行按户定额征收，生活垃圾产生量与缴费金额尚未关联，垃圾处理费征收率普遍偏低，征收标准与处理成本相差较大，收取的垃圾处理费难以覆盖支出。

## 3.4.2 发展方向

加快推进农业水价综合改革。一是建立地方政府负责同志牵头的责任体系，用好粮食安全党政责任制考核、最严格水资源管理制度考核等机制，总结相关改革县（区）经验做法，借鉴河（湖）长制"一把手"统抓的成功经验，推动落实农业水价综合改革为"一把手"工程。二是健全农业水价形成及节水奖补机制，农业供水可计一定收益，区分不同投资主体确定准许收益率，政府投入部分实行保本或微利，社会资本投入部分收益率适当高一些；进一步落实供水分类定价、骨干和田间工程分段定价、平抑多水源价格差异的区域综合定价等。从奖补资金开源和优化奖补两方面完善节水奖补机制设计，进一步发挥中央补助资金引导作用，探索对节水奖补机制落实较好地区给予补助资金倾斜机制，科学调整作物用水定额，完善并落实用水精准计量、水费收缴等机制。三是加快推进粮食作物种植灌区水价改革，推行"以工补农""以经补粮"的分类水价，进一步提高对农民种粮定额内用水的精准补贴，并推动提高对粮食收购多种形式的价格补贴。

进一步发挥电价政策调控作用促进节能降碳。一是分省施策建立考虑碳排放水平（远期可以考虑温室气体排放水平）和电耗水平综合考核指标的差别电价机制，以优化高耗能行业用能结构。完善差别电价机制，以激励高耗能企业改变用能结构，明确高耗能企业在促进新能源消纳进程中的责任，促进水电、风电、光伏等可再生能源发电在电解铝等高耗能行业生产中的应用。二是建议制定阶梯电价政策时，在保留单位产品能耗指标的同时，增加单位产品碳排放指标。在确定差别电价实施范围时，也能考虑企业的碳排放量。三是把企业使用可再生能源的情况作为制定各种节能降碳电价政策的参考依据，以鼓励企业利用可再生能源，减少化石能源消耗。

持续完善环境污染治理收费政策。一是逐步提高污水处理费的征收标准。建议按照补偿污水处理和污泥处置设施运营成本并合理盈利的原则，根据地方经济发展水平、财力情况以及受新冠疫情影响现状，实施污水处理费差异化动态调整。推动污水处理费的合理上涨，提高在整体水价中的比重，将污水处理费标准提高到能够覆盖污水处理全成本的水平。随着污水处理厂提标改造的不断推进，重点推进青岛、太原、成都等污水处理全成本缺口较大城市污水处理费的上调。二是完善城市居民生活垃圾处理收费体制。荷兰的垃圾税提升了公众参与国家环境保护的积极性，有利于从源头上减少生活垃圾的产生，降低政府处理垃圾的财政支出；瑞士采取了居民在垃圾袋粘贴专用缴税标签的方式，用以证明垃圾税已缴纳完成，否则会面临高额的罚款，同时通过法律制定了相应的垃圾回收减免税费规则，有效促进了垃圾处理。建议借鉴国外成熟经验，适时建立起符合我国国情的垃圾税体系，有利于从源头上减少垃圾产生，促进可回收物的循环再利用，也可以弥补政府处理垃圾的支出。

# 4

# 生态保护补偿政策

## 4.1　生态保护补偿政策总体进展

生态保护补偿政策探索不断深化，成为生态产品价值实现机制的重要举措。纵向生态保护补偿进一步完善，重点生态功能区转移支付力度继续加大，多元化生态保护补偿机制稳步推进，流域生态保护补偿持续深化，草原、森林、海洋、湿地、荒漠、环境空气质量等新领域生态保护补偿加快探索。

## 4.2　生态综合补偿

生态综合补偿深入推进。国家发展改革委组织召开全国生态综合补偿工作现场会，指出我国基本建成了世界上覆盖范围最广、受益人口最多、投入力度最大的生态保护补偿机制，为保护生态建设成果、巩固拓展脱贫攻坚成果、推动区域协调可持续发展等贡献了重要力量。我国生态保护补偿工作重在抓好"五个坚持、五个落实"，坚持以保护改善生态为中心，落实生态文明战略；坚持以农牧民群众为主体，落实以人民为中心的发展思想；坚持扛稳第一主体责任，落实政府为主的实施路径；坚持共建共治共享的基本原则，落实区域协调发展战略；坚持统筹调动多方力量，落实顶层制度设计。在地方层面，安徽、河北、海南、甘肃、宁夏等省（区）积极推进生态综合补偿。

**专栏 4-1　云南省完善生态综合补偿，共护绿水青山**

开展生态综合补偿是转变生态保护地区的发展方式、提升优质生态产品的供给能力、实现生态保护地区和受益地区良性互动的重要途径。自 2020 年 2 月香格里拉市、维西傈僳族自治县、贡山独龙族怒族自治县、剑川县、玉龙纳西族自治县入选国家生态综合补偿试点县以来，云南省以生态保护补偿为抓手、以绿色发展为路径、以互利共赢为目标，紧紧围绕创新森林生态效益补偿制度、发展生态优势特色产业、推进建立流域上下游生态保护补偿制度、推动生态保护补偿工作制度化等方面进行了有益探索，取得了初步成效。

云南省制定出台一系列政策制度，为开展生态保护补偿保驾护航。建立以公共财政为支撑的森林生态效益补偿机制，切实发挥项目资金示范引导和杠杆作用，有力推动生态保护修复，让群众享受到实实在在的生态红利。2022 年，云南省森林生态效益补偿资金达 21.1 亿元，1.38 亿亩公益林得到有效保护，5 424 万亩天然商品林实现停伐管护，基本实现国家级、省级公益林管护和补偿同标准、全覆盖。

以试点引领、跨省合作、全域推动为思路，云南省在跨省、跨市（州）、同市（州）县域间探索开展横向生态保护补偿机制建设，实现了重点攻坚和协同治理的良性互动。云南省与贵州省、四川省联合签署赤水河流域横向生态保护补偿协议，每年共同出资 2 亿元，在长江流域率先建立跨省生态保护补偿机制,1.8 亿元补偿资金注入昭通市赤水河流域生态环境治理和污染防治工作。2023 年 1 月,三省启动第二轮赤水河流域跨省生态保护补偿,保护成本共担、效益资源共享、相互协同监督的良好局面正在形成。

立足良好的生态优势和特色资源,云南省做精做优生态产业,大力发展林下经济。截至 2022 年年底,全省有国家林下经济示范基地 55 个,林下经济面积达 5 000 万亩左右、产值 537 亿元,林下经济成为山区林区农民增收致富的重要途径,试点县"造血"能力逐步提升。贡山县建设草果、中华蜂两个"百里绿色经济带",草果种植面积近 35 万亩,养殖中华蜂 3 万余群,实现产值 6 651 万元,惠及农户 2.4 万人,取得了生态效益与经济效益的双赢。

## 4.3 区域性生态保护补偿

### 4.3.1 国家重点生态功能区补偿

提升国家重点生态功能区转移支付资金使用效率。为推进生态文明建设,引导地方政府加强生态环境保护,提高生态功能重要地区基本公共服务保障能力,中央财政在均衡性转移支付项下设立国家重点生态功能区转移支付。2023 年 4 月,财政部发布《关于下达 2023 年中央对地方重点生态功能区转移支付预算的通知》(财预〔2023〕39 号),按照中央对地方重点生态功能区转移支付办法,将 2022 年第二批重点生态功能区转移支付预算下达各省份,2023 年总计下达 1 061 亿元,比 2022 年增长 8%(图 4-1、表 4-1)。从省份来看,甘肃省的补助最多,为 86.61 亿元,其次为贵州省、云南省、四川省;从用途来看,重点补助数额最大，为 850.11 亿元，其次为引导性补助和禁止开发补助。通知要求省级财政部门要根据本地财力情况，制定省对下重点生态功能区转移支付办法，将相关资金落实到位。基层政府要将转移支付资金用于保护生态环境和改善民生，加强资金使用管理，提高资金使用效益。

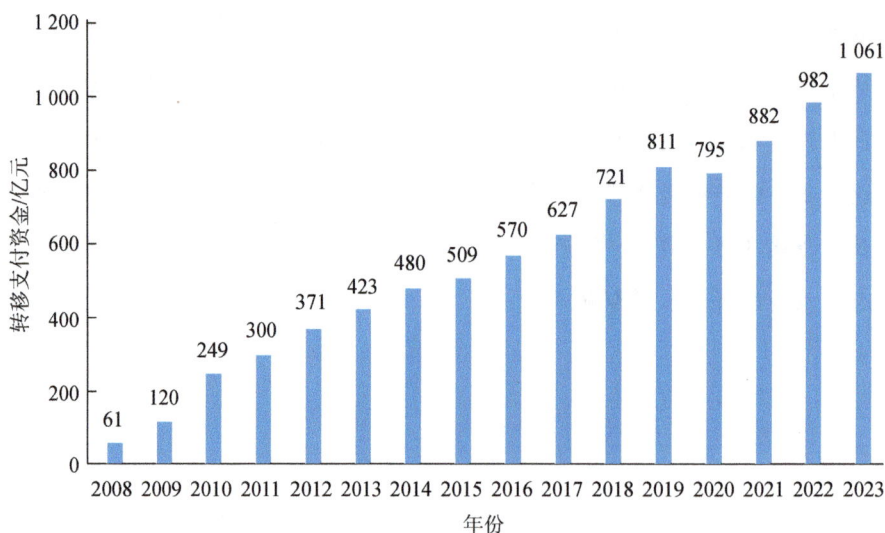

图 4-1　2008—2023 年国家重点生态功能区转移支付增长情况

推进转移支付资金奖惩调节。2023 年 8 月，生态环境部发布《关于 2022 年度国家重点生态功能区县域生态环境质量监测与评价结果的通报》（环办监测函〔2023〕270 号），国家重点生态功能区县域环境质量监测、评价及考核的主要内容为县域生态环境质量变化、生态环境保护管理、突发环境事件、局部自然生态变化 4 个方面。生态环境部、财政部对 2022 年度国家重点生态功能区县域生态环境质量及变化进行了评价，已完成 11 次国家重点生态功能区县域生态环境质量监测与评价工作，目前覆盖的 810 个县域生态环境质量呈现"整体较好、稳中向好"。

表 4-1　2023 年中央对地方重点生态功能区转移支付分配情况①

单位：万元

| 地区（单位） | 2023年补助总额 | 其中: | | 补助总额明细 | | | | | | | | |
|---|---|---|---|---|---|---|---|---|---|---|---|---|
| | | 已经下达 | 此次下达 | 重点补助 | 其中: | | | | | 引导性补助 | 考核奖励 | 考核扣减 |
| | | | | | 长江经济带补助 | 其中:西藏和四省涉藏州县生态补偿 | 支持南水北调中线水源地生态保护补偿 | 禁止开发补助 | 其中:西藏和四省涉藏州县生态补偿 | | | |
| 地方合计 | 10 610 000 | 8 838 400 | 1 771 600 | 8 501 100 | 490 900 | 400 000 | 257 900 | 840 000 | 240 000 | 1 268 900 | | |
| 北京 | 25 134 | 21 500 | 3 634 | 16 234 | | | | 8 300 | | 600 | | |
| 天津 | 8 101 | 6 900 | 1 201 | 6 101 | | | | 2 000 | | | | |
| 河北 | 468 091 | 399 500 | 68 591 | 422 091 | | | | 17 600 | | 28 400 | | |
| 山西 | 134 401 | 114 800 | 19 601 | 120 701 | | | | 11 000 | | 2 700 | | |
| 内蒙古 | 414 382 | 351 500 | 62 882 | 337 682 | | | | 27 300 | | 49 400 | | |
| 辽宁（不含大连） | 63 318 | 56 100 | 7 218 | 20 318 | | | | 17 400 | | 25 600 | | |
| 大连 | 1 900 | 1 800 | 100 | | | | | 1 900 | | | | |
| 吉林 | 137 021 | 116 300 | 20 721 | 105 921 | | | | 17 100 | | 14 000 | | |
| 黑龙江 | 382 256 | 311 200 | 71 056 | 324 656 | | | | 36 100 | | 21 500 | | |

① 数据来源：《关于下达 2023 年中央对地方重点生态功能区转移支付预算的通知》（财预〔2023〕39 号）。

| 地区（单位） | 2023年补助总额 | 已经下达 | 此次下达 | 重点补助 | 长江经济带补助 | 西藏和四省涉藏州县生态补偿 | 支持南水北调中线水源地生态保护补偿 | 禁止开发补助 | 西藏和四省涉藏州县生态补偿 | 引导性补助 | 考核奖励 | 考核扣减 |
|---|---|---|---|---|---|---|---|---|---|---|---|---|
| 上海 | 8 100 | 6 800 | 1 300 | 5 700 | 5 700 | | | 2 400 | | | | |
| 江苏 | 79 300 | 69 700 | 9 600 | 17 000 | 17 000 | | | 7 400 | | 54 900 | | |
| 浙江（不含宁波） | 58 742 | 48 400 | 10 342 | 39 042 | 18 400 | | | 19 700 | | | | |
| 安徽 | 270 589 | 235 400 | 35 189 | 170 489 | 40 900 | | | 16 700 | | 83 400 | | |
| 福建（不含厦门） | 149 465 | 129 200 | 20 265 | 78 365 | | | | 18 200 | | 52 900 | | |
| 江西 | 276 912 | 229 100 | 47 812 | 209 412 | 58 100 | | | 22 000 | | 45 500 | | |
| 山东（不含青岛） | 169 361 | 147 300 | 22 061 | 102 561 | | | | 18 600 | | 48 200 | | |
| 河南 | 332 112 | 266 200 | 65 912 | 189 212 | | | 42 740 | 19 900 | | 123 000 | | |
| 湖北 | 643 618 | 529 700 | 113 918 | 499 418 | 38 400 | | 78 410 | 15 600 | | 128 600 | | |
| 湖南 | 623 166 | 509 600 | 113 566 | 552 166 | 48 600 | | | 22 600 | | 48 400 | | |
| 广东（不含深圳） | 150 803 | 129 300 | 21 503 | 96 403 | | | | 16 300 | | 38 100 | | |
| 广西 | 386 375 | 324 100 | 62 275 | 337 375 | | | | 15 900 | | 33 100 | | |
| 海南 | 262 713 | 211 000 | 51 713 | 255 913 | | | | 6 800 | | | | |

补助总额明细

| 地区（单位） | 2023年补助总额 | 其中： | | 重点补助 | 长江经济带补助 | 其中：西藏和四省涉藏州县生态补偿 | 支持南水北调中线水源地生态保护补偿 | 禁止开发补助 | 其中：西藏和四省涉藏州县生态补偿 | 引导性补助 | 考核奖励 | 考核扣减 |
|---|---|---|---|---|---|---|---|---|---|---|---|---|
| | | 已经下达 | 此次下达 | | | | | | | | | |
| 重庆 | 297 022 | 253 900 | 43 122 | 206 522 | 38 800 | | | 12 600 | | 77 900 | | |
| 四川 | 646 519 | 541 400 | 105 119 | 544 419 | 73 600 | 117 200 | | 62 500 | 26 500 | 39 600 | | |
| 贵州 | 763 667 | 634 500 | 129 167 | 659 767 | 57 400 | | | 15 500 | | 88 400 | | |
| 云南 | 700 820 | 589 600 | 111 220 | 595 220 | 94 000 | 21 000 | | 40 800 | 15 900 | 64 800 | | |
| 西藏 | 397 739 | 332 100 | 65 639 | 241 539 | | 82 400 | | 150 100 | 110 400 | 6 100 | | |
| 陕西 | 518 294 | 420 300 | 97 994 | 437 094 | | | 136 750 | 16 300 | | 64 900 | | |
| 甘肃 | 866 089 | 717 400 | 148 689 | 730 789 | | 51 600 | | 52 400 | 25 400 | 82 900 | | |
| 青海 | 562 330 | 453 800 | 108 530 | 461 830 | | 127 800 | | 100 500 | 61 800 | | | |
| 宁夏 | 221 791 | 187 400 | 34 391 | 211 991 | | | | 4 900 | | 4 900 | | |
| 新疆 | 574 442 | 480 100 | 94 342 | 491 542 | | | | 41 800 | | 41 100 | | |
| 新疆生产建设兵团 | 15 427 | 12 500 | 2 927 | 13 627 | | | | 1 800 | | | | |

2022 年度生态环境质量综合考核结果分级在"基本稳定"及以上的县域达到 680 个，对 53 个县域转移支付资金进行奖惩调节，实现转移支付资金分配结果与生态环境保护成效相挂钩。

### 4.3.2 生态保护红线补偿

目前生态保护红线补偿机制尚未出台。在地方层面，山东省生态环境厅于 2023 年 5 月印发《山东省生态保护红线生态环境监督办法（试行）》，提出将生态保护红线保护成效纳入生态环境领域相关考核，推动将考核结果作为党政领导班子和领导干部综合评价及责任追究、自然资源资产离任审计、奖惩任免以及有关地区开展生态保护补偿等的重要参考。

## 4.4 流域生态保护补偿

推进流域上下游横向生态保护补偿机制建设。长江流域的赤水河（云南、贵州、四川）、滁河（江苏、安徽）、酉水（湖南、重庆）和渌水（湖南、江西）等正在实施第二轮跨省横向补偿协议，长江干流苏皖段、川渝段、鄂湘段、鄂赣段和濑溪河流域（四川、重庆）正在实施第一轮协议。黄河流域豫鲁段、甘川段、甘宁段和宁蒙段分别建立省际补偿机制，沿黄九省（区）均建立了省（区）内生态保护补偿机制。目前，21 个省份 20 个跨省流域建立了上下游横向生态保护补偿机制。

黄河流域宁夏段建立上下游横向补偿机制。2023 年 8 月和 10 月，宁夏先后与甘肃和内蒙古签署《黄河流域横向生态补偿协议》。明确宁夏与甘肃、内蒙古两省（区）均按照 1∶1 的比例，分别共同筹集资金 1 亿元，设立黄河干流流域上下游横向生态保护补偿资金，按照甘肃—宁夏段五佛寺断面、宁夏—内蒙古段麻黄沟断面当年年均值情况确定补偿方式。若水质当年年均值达到国家考核Ⅱ类水质标准，上下游省（区）双方互不补偿；若水质当年年均值未达到国家考核Ⅱ类水质标准，上游省（区）向下游省（区）补偿5 000万元；若当年年均值高于国家考核Ⅱ类水质标准，下游省（区）向上游省（区）补偿5 000万元。补偿资金将用于流域内水污染综合治理、生态环境保护、环保能力建设等方面，全力推进黄河流域大保护、大治理。

山东、河南签订新一轮横向生态保护补偿协议。山东、河南两省签订了第二轮《黄河流域（豫鲁段）横向生态保护补偿协议（2023—2025年）》。与第一轮相比，此次续签协议更加科学、全面，更有利于推动黄河流域生态保护和高质量发展。一是在指标设置上实现陆海统筹，补偿因子在原来地表水指标基础上增加了总氮指标，落实黄河流域上游省份保护海洋环境责任；二是补偿标准更加精准，水质类别补偿由原来的年度达标调整为月度达标，保障黄河水质更加稳定；三是覆盖范围更广，推动建立覆盖黄河干支流的省、市、县三级上下游联防联控治理体系，为流域水环境质量持续改善打下坚实基础。这一协议将有力保障黄河流域豫鲁段水质稳步改善，实现陆海统筹、河海共治，扎实推动黄河流域生态保护和高质量发展。

安徽、江苏两省建立横向生态保护补偿机制。2023年12月，安徽省人民政府与江苏省人民政府正式签署《关于建立长江流域横向生态保护补偿机制合作协议》，安徽、江苏两省在长江干流和滁河流域正式建立横向生态保护补偿机制。两省协议本着"权责对等、双向补偿，协同保护、联防联治，多元合作、互利共赢"的原则，以安徽、江苏两省跨界的长江干流乌江（左岸）和三兴村（右岸）断面、长江支流滁河陈浅断面水质考核情况为依据，以生态环境质量"只能更好、不能变坏"为导向，以进一步改善长江干流和支流水质，稳定和提升断面水质为目标，实施补偿资金与水质改善相挂钩的双向补偿机制。补偿资金于次年清算拨付，将专项用于长江流域环境综合治理、生态保护修复、经济结构调整和产业优化升级等方面。

---

**专栏 4-2　横向流域生态保护补偿实施典型案例**

**案例一：贵州推动建立流域横向生态保护补偿体系**

贵州省财政厅、贵州省生态环境厅、贵州省水利厅于 2023 年 12 月联合发布《关于建立流域横向生态保护补偿机制的指导意见》，明确全省各市（州）在 2025 年年底前建立健全流域横向生态保护补偿体系，实现全省八大流域全覆盖。贵州将明确各市（州）水质、水量保护责任，实现流域上下游地区双向、多元的生态保护补偿，推动上下游产业发展合作和流域联防共治，形成流域一体化保护和发展格局。贵州各市（州）之间流域横向生态保护补偿方式原则以资金补偿为主，补偿资金主要用于辖区内流域生态环境保护治理、水污染防治、水资源节约利用等。同时，鼓励各市（州）根据实际需求，积极探索对口协作、产业转移、人才培训、共建园区等其他补偿方式。贵州将对积极主动贯彻落实流域横向生态保护补偿工作的市（州）进行奖补激励。

**案例二：云南推动建立珠江流域省内全流域横向生态保护补偿机制**

一是奖励约束并重，共建补偿资金池。2023—2025 年，省级财政和流域内昆明、曲靖等 5 个市（州）每年共同筹集资金 1 亿元实施省内横向保护补偿。其中，5 个市（州）每年共同筹措 5 000 万元，落实"谁污染、谁补偿，谁使用、谁付费"原则，根据各地用水量、排污量、水质条件等确定各市（州）年度出资额；省级财政每年通过省级生态环境保护专项资金安排 5 000 万元对市（州）进行奖励引导，资金分配上突出

---

"谁保护、谁受益"，对优良水体比例高、水量供给多、保护治理任务重的地区予以倾斜，充分体现各地保护治理生态价值。

二是强化考核管理，压实保护治理责任。结合当前水质状况和国家、省级确定的"十四五"时期考核目标，按照"就高不就低"的原则，确定 6 个跨市（州）国控断面水质考核目标。实行"按月考核、双向补偿"，以各市（州）出资额和省级奖补资金额为基数，当考核断面月度水质不达考核目标时，每超标 1 次扣减上游市（州）10%的资金补偿下游市（州）；当考核断面月度水质同时优于现状水质和考核目标时，每次下游市（州）拨付 10%的资金补偿上游市（州）。通过提高考核频次和资金比例，压实各地保护治理责任。

三是严格资金清算，推动补偿机制落实。省财政厅依据年度责任断面水质考核结果，对各市（州）获得的省级奖励引导资金进行清算，各市（州）根据断面水质考核结果对上下游市（州）进行补偿。对市（州）未按要求完成补偿资金划转的，省级财政通过上下级财政转移支付进行清算划转。通过资金清算传导压力，推动各地采取有力措施加大流域保护治理力度。

## 4.5 其他领域生态保护补偿

### 4.5.1 草原生态保护补助奖励

草原生态保护补助奖励持续推进。草原生态保护补助奖励政策是我国草原牧区投入规模最大、覆盖面最广、涉及农牧民最多的一项惠草惠牧惠农政策。落实草原禁牧和草畜平衡制度是草原生态保护补助奖励政策的重要内容。"十四五"期间，继续在内蒙古等 13 个省（区）以及新

疆生产建设兵团和北大荒农垦集团有限公司实施第三轮草原生态保护
补助奖励政策，并就政策实施，财政部、农业农村部、国家林草局联合
印发《第三轮草原生态保护补助奖励政策实施指导意见》。第三轮草原
生态保护补助奖励政策投入资金有增无减，实施范围进一步扩大。2023 年
林业草原生态保护恢复资金分配情况见表 4-2。

表 4-2  2023 年林业草原生态保护恢复资金分配情况    单位：万元

| 地区（单位） | 本次下达金额 |
|---|---|
| 合  计 | 1 758 301 |
| 河  北 | 8 151 |
| 山  西 | 24 168 |
| 内蒙古 | 331 370 |
| 辽  宁 | 5 999 |
| 吉  林 | 243 462 |
| 黑龙江 | 595 834 |
| 江  苏 | 153 |
| 浙  江 | 7 728 |
| 安  徽 | 1 280 |
| 福  建 | 17 765 |
| 江  西 | 24 662 |
| 山  东 | 3 000 |
| 河  南 | 2 693 |
| 湖  北 | 15 595 |
| 湖  南 | 10 310 |
| 广  东 | 4 262 |
| 广  西 | 1 689 |
| 海  南 | 27 378 |
| 重  庆 | 8 119 |

| 地区（单位） | 本次下达金额 |
|---|---|
| 四　川 | 80 331 |
| 贵　州 | 8 603 |
| 云　南 | 60 661 |
| 西　藏 | 30 958 |
| 陕　西 | 48 361 |
| 甘　肃 | 62 451 |
| 青　海 | 83 834 |
| 宁　夏 | 5 026 |
| 新　疆 | 44 452 |
| 新疆生产建设兵团 | 6 |

资料来源：《财政部关于下达 2023 年林业草原生态保护恢复资金预算（第二批）的通知》（财资环〔2023〕120 号）。

### 专栏 4-3　青海发放草原生态保护补助奖励政策资金

2023 年，青海省争取到中央财政补助奖励资金 28.95 亿元，通过协办全国草原生态保护补助奖励政策研讨会，召开 2023 年第三轮草原生态保护补助奖励政策工作推进会和工作联席会，利用"三支队伍"服务基层，下乡实地调研督导，实行"周调度、月通报"等方式，推动惠民惠农政策落实，确保资金尽早发放。截至目前，已发放 2023 年草原补奖资金 28.85 亿元，发放率达 99.7%。

自第三轮草原生态保护补助奖励政策实施以来，中央财政每年下达青海省草原补奖资金 28.95 亿元，惠及全省 76.51 万户、326.2 万人，户均收入 3 783.4 元、人均收入 887.4 元，已成为农牧民收入的重要组成部分，占全省农牧民年平均收入的 13% 以上。青海省青南牧区草原补奖政策性收入在农牧民人均收入的占比高达 60% 以上，有力促进了农牧民增产增收，巩固拓展脱贫攻坚成果同乡村振兴有效衔接。

## 4.5.2 森林生态效益补偿

探索完善森林生态保护补偿制度。2023 年，中央财政按照国有林每亩10元和非国有林每亩16元的标准对12.6亿亩国家级公益林安排森林生态效益补偿补助167.3亿元。

### 专栏4-4 江西将森林碳汇纳入生态保护补偿

江西省财政安排360万元资金，对森林碳汇综合能力评价得分前40名的县（市、区）及所在设区市进行奖补。江西成为全国首个将森林碳汇纳入生态保护补偿的省份。

森林碳汇价值纳入生态保护补偿机制是江西省深化生态保护补偿制度改革攻坚行动的重点任务之一。2022年，江西省出台《关于深化生态保护补偿制度改革的实施意见》，积极探索将森林碳汇价值纳入生态保护补偿机制，并在全国先行先试。

2023年9月，《江西省森林碳汇综合能力评价方案（试行）》出台，设置森林碳密度、森林碳汇量、新造林固碳潜力、森林经营固碳潜力、林业有害生物碳损失、森林火灾碳损失6项指标，充分考虑各地森林资源禀赋、森林资源培育、森林资源保护对林业碳汇的贡献度。江西省对2022年度各县域森林碳汇综合能力进行评价，评价充分考虑地方森林资源禀赋、森林资源培育、森林资源保护对林业碳汇的贡献水平，设置森林碳密度、森林碳汇量、新造林固碳潜力、森林经营固碳潜力、林业有害生物碳损失、森林火灾碳损失6项指标，对得分靠前的地方给予奖励。经评价，江西省森林碳汇综合能力得分前5名的县（市）为浮梁县、安远县、崇义县、婺源县、德兴市，其主要表现为森林资源禀赋高，新造林成效好，中幼林抚育等森林经营措施有力，森林病虫害、森林火灾等损失碳量少。

### 4.5.3 海洋生态保护补偿

海洋生态保护补偿制度持续推进。《中华人民共和国海洋环境保护法》（2023 年修订）提出国家建立健全海洋生态保护补偿制度，国务院和沿海省、自治区、直辖市人民政府应当通过转移支付、产业扶持等方式支持开展海洋生态保护补偿，沿海地方各级人民政府应当落实海洋生态保护补偿资金，确保其用于海洋生态保护补偿。

### 4.5.4 湿地生态保护补偿

完善湿地生态保护补偿政策。2023 年，国家支持湿地生态效益补偿项目 48 个，中央财政安排包括湿地生态效益补偿在内的湿地保护修复补助 15 亿元。地方层面，云南省林业和草原局编制印发《云南省湿地生态保护补偿项目管理指南（试行）》，将指导云南省重要湿地（含国际重要湿地）围绕湿地保护主要目标，根据湿地生态系统的结构和功能，以及候鸟等湿地野生动物的迁徙规律、分布范围、生活习性等，在充分开展损失调查、市场调查的基础上，合理确定补偿范围、测算补偿标准、明确受偿方的权利和义务，从项目入库、项目立项、项目执行和项目验收 4 个环节着手，加强湿地生态保护补偿项目全过程管理，规范实施补偿项目，提高湿地及周边社区群众对湿地、候鸟保护的意识，提升湿地生态系统稳定性、持续性。

### 4.5.5 荒漠生态系统补偿

推进荒漠生态系统补偿。我国在北方地区组织实施了一批沙化土地封禁保护补偿项目。对暂不具备治理条件和因保护生态需要不宜开发利用的连片沙化土地实施封禁保护，通过采用"封""禁"措施，禁止乱樵采、乱开垦、乱放牧，严格管控封禁保护区域内开发建设活动。2023年中央财政安排沙化土地封禁保护补偿补助2亿元，新建、续建5个封禁保护区，封禁保护补偿面积2 181.95万亩。

### 4.5.6 环境空气质量生态保护补偿

地方探索深化环境空气质量生态保护补偿。各省份继续推进环境空气质量生态保护补偿，2023年12月，河南省各辖市共支偿城市环境空气质量生态补偿金2 874万元，得补1 910.5万元。2023年6月，合肥出台《合肥市环境空气质量生态补偿激励办法》，将年度目标任务完成情况作为补偿的主要依据，生态补偿激励资金权重为40%。以下达各县（市、区）、开发区的空气质量考核指标$PM_{2.5}$、$PM_{10}$为激励指标，两项指标各占权重的50%。完成目标任务的县（市、区）、开发区，平分该项指标相应的生态补偿激励专款，未完成目标任务的进行赔付，赔付标准是$PM_{2.5}$为5万元/（$\mu g/m^3$），$PM_{10}$为3万元/（$\mu g/m^3$）。

## 4.6 小结

### 4.6.1 存在的问题

生态保护补偿制度改革总体进展顺利，但现阶段仍存在补偿政策政出多门、补偿模式僵化、动力不足、市场化补偿作用发挥不足等问题，个别补偿方式十年未变，不适应新形势、新要求，一些地方开展生态保护补偿的积极性不高，补偿主体不够明确、补偿对象不够明晰、补偿依据不够精准、补偿方式不够多元、监管机制不够健全等问题，需要在工作中着力推动解决。

补偿分类分散，综合效力尚未充分发挥。目前，生态保护补偿以森林、草原、湿地、水流、耕地等重点领域和重点生态功能区等重要区域为主，综合性生态保护补偿试点较少，缺乏纵横统筹。补偿涉及发展改革、财政、自然资源、生态环境、水利、农业农村等多个部门，政策制定多以部门为主导，政策和资金的系统性、整体性、协同性有待提高，导致补偿力量分散，政策叠加效应不明显。

补偿权责利难以界定，生态贡献地区的发展权保障不够。虽然深圳市、丽水市等地近年来开展了生态服务价值核算，但其核算方法、范围、参数、指标体系等各不相同，缺乏标准规范，受补偿地区生态贡献难以测算清楚，导致受补偿地区作出的生态贡献在补偿中未得到充分体现，现有补偿未完全涵盖受补偿地区的发展权益损失及生态环境治理投入。流域横向生态保护补偿中，上下游尤其是左右岸分属不同省份，其共同断面水质、水量责权较为复杂，排污交互影响，难以判断各方的排放达标情况和污染贡献率，容易陷入"公共池塘"困境，无法根据交界断面水质监测数据划定污染责任、界定补偿基准，确定补偿额度，各行政区对生态保护的标准和重点短期内难以达成一致，并形成合力。已实施的上下游或左右岸之间生态保护补偿金额设置偏低，难以覆盖实际的流域治理投入。

补偿激励导向不强，实施动力不足。我国每年相关生态保护补偿资金支出项目达 10 余项，但各类补偿标准不一，缺项漏项多，资金使用"撒胡椒面"，如种树的只能种树、种草的只能种草，中央财政下达的横向引导资金来自水污染防治资金科目，只能用于储备库项目，无法培育绿色生产方式、用于环保设施运营等，与地方需求不匹配，保护生态获得感不强、积极性不高。国家重点生态功能区县域生态环境监测与评价结果在中央财政转移支付资金分配中的调节比例较低，2022 年生态环境质量变差的 79 个县域仅有 20 个县域扣减，国家重点生态功能区转移支

付制度与生态保护红线等制度新成果衔接不足。

推进方式较为僵化单一，工作机制不健全。纵向生态保护补偿主要靠中央财政投入，发展较快。横向生态保护补偿需要流域上下游、左右岸相关地方政府自主协商补偿方式和标准，缺乏有效沟通协商机制，各地对生态保护补偿的认识和定位不同，补偿基准、标准、方式等选取自由度较大，补偿双方都觉得"吃亏"，难以达成一致。自横向生态保护补偿试点实施以来，补偿模式、推进方式等十年未变，各地补偿的考核指标以水环境类为主，对水生态、水资源的考虑不足。生态环境监测结果报送机制不健全，补偿资金分配中尚未应用全国县级行政区生态质量测算评价、生态保护红线生态质量监测等成果。生态保护补偿工作缺乏实施评估机制，对补偿目标及任务完成、补偿资金使用及落实、项目实施等情况缺乏系统评估。

市场化补偿作用发挥不足，配套体系尚待完善。各级政府和部门推动生态保护补偿以财政转移支付、相关专项资金奖励为主要形式，产业扶持、技术援助等补偿方式较少，补偿方式单一，补偿资金渠道窄。生态保护补偿相关法律法规建设滞后，自然资源产权虚置、权属不清、权属纠纷等问题普遍存在，导致市场化多元化补偿难以跟进，缺乏社会资本参与的机制设计，市场主体难以通过参与补偿项目获得投资回报。生态保护补偿配套的监督、考核措施不完善，制度约束力不足。

## 4.6.2　发展方向

发挥生态环境监测的基础性作用，强化纵向补偿的绿色导向。一是推动改进国家重点生态功能区财政转移支付资金分配方式，充分考虑生态贡献，适时修订以地方标准财政收支缺口为基础的一般均衡性转移支付测算办法。在转移支付资金用途上，生态环境保护与治理支出不低于一定比例。持续开展国家重点生态功能区县域生态环境质量监测与评价工作，加强监测与评价结果在财政转移支付资金分配中的调节作用，加大对生态环境质量变好县域的转移支付力度。二是建立健全国家公园生态保护补偿制度，探索建立国家公园生态产品价值评价体系，推动核算结果的应用。研究林草领域能够体现碳汇价值的生态保护补偿机制。健全森林、草原、湿地和沙化土地生态保护补偿标准动态调整机制。三是推动将全国县级行政区生态质量测算评价、生态保护红线生态质量监测等成果作为生态保护补偿资金和预算安排的参考因素。加强财政转移支付与生态保护红线的深度衔接，研究提高生态保护红线相关因素测算权重，加大对生态保护红线有关县域的支持力度。

发挥大江大河流域横向生态保护补偿的带动作用，推动形成生态共治、利益共享的绿色发展方式。一是建立流域横向补偿优先推进名录。对具有水源涵养、水土保持、水产种质资源保护、饮用水等重要生态功能的区域，以及水资源供需矛盾突出、水质污染严重的跨省流域，优先纳入名录。健全协同推动机制，有序推动名录中流域相邻省份间建立补偿机制，协调有意向的流域上下游、左右岸地区实施生态保护补偿。二是强化中央奖补资金引导作用，研究暂缓奖补资金退坡机制，稳定各方预期。三是加快推动长江、黄河全流域及重点流域横向生态保护补偿，优化奖补资金渠道与用途，加大对已开展补偿省（区）的支持力度，奖补资金更多支持地方产业转型和绿色发展。鼓励地方开展跨省支流横向生态保护补偿。

发挥激励约束机制调节作用，建立市场驱动的多元补偿模式。一是充分用好生态保护补偿资金，支持地方将产业布局、结构优化调整与污染治理、生态保护修复结合起来，通过探索"生态+农业""生态+文旅"

等模式，推进产业转型与升级，促进生态资源资产化、生态产品市场化。探索设立生态保护补偿项目储备库。结合大气污染防治、水污染防治、土壤污染防治项目等储备库管理，研究设立生态保护补偿项目库，用于支持生态保护补偿项目，以财政资金引导带动更多社会资金投入生态保护。二是加快推动排污权、碳排放权等生态环境权益的市场化交易。探索在重点流域、重点区域建立协同统一的环境权益交易市场。三是鼓励金融机构开发绿色金融产品，支持地方探索建立生态保护补偿基金，为生态保护补偿相关项目提供资金支持。四是支持地方将生态保护补偿改革情况纳入绿色绩效考核。在中央生态环境保护督察中继续重点关注生态保护补偿工作存在的突出问题。加强对草原禁牧和草畜平衡奖励政策落实情况的监管。

发挥试点示范引领作用，探索破解制度障碍的有效途径。一是研究探索在京津冀、长三角、粤港澳大湾区等重点区域开展基于区域传输贡献的环境空气质量补偿。指导有条件地区探索开展危险废物跨区域转移处置的生态保护补偿机制试点。开展近海域生态保护补偿试点。二是深入实施生态综合补偿，研究破解限制补偿资金统筹使用的有关预算制度。三是支持新安江—千岛湖等开展生态保护补偿试验区建设，探索推进生态产品第四产业和生态产品价值核算，推进机制共创、生态共保、环境共治、产业共兴、基础共联、发展共享等补偿模式取得实质性成果。

发挥依法补偿的保障性作用，健全相关法律法规和政策标准体系。一是加快推动出台生态保护补偿条例，推进相关法律法规的制修订，鼓励出台地方性生态保护补偿法规，为生态保护补偿提供法治保障。二是创新政策协同机制，协同推进生态产品价值实现、生态损害赔偿与生态保护补偿。研究制定全国指导性补偿标准及相应指标，建立环境质量、生态功能等与生态保护补偿目标相关的指标监测、数据调度和共享机制。三是建立绩效评估机制。对生态保护补偿责任落实情况、生态保护工作成效进行综合评价，完善评价结果与补偿资金分配挂钩机制，将评价结果作为政策调整、改进管理和预算安排的重要依据。四是加大对生态保护补偿有效模式、可行路径的总结推广，遴选培育新一批生态保护补偿实践案例。

# 5

# 环境权益交易政策

## 5.1 自然资源产权

我国首批 3 个重点区域自然资源确权登记完成登簿。2023 年 3 月 1 日,海南热带雨林国家公园、江苏大丰麋鹿国家级自然保护区、山东昆嵛山国家级自然保护区等首批重点区域自然资源确权登记实现登簿,标志着我国自然资源统一确权登记打通了"最后一公里",实现落地见效。首批 3 个重点区域自然资源确权登记完成登簿是生态文明体制改革的重要成果,明确了自然资源资产"谁所有""由谁管",标志着自然资源确权登记改革任务实现了落实落地,将为自然保护地建设提供产权支撑。依据这 3 个重点区域管理范围线,划定登记单元;以全国国土调查成果为统一底图,结合自然资源专项调查成果,摸清自然资源状况信息;依据中央政府直接行使所有权和地方政府代理履行所有者职责的自然资源清单,清晰界定自然资源资产产权主体,确保登记结果真实有效、权威公正。

全国自然资源和不动产确权登记工作会议召开。2023 年 4 月 25 日,全国自然资源和不动产确权登记工作会议在四川省成都市召开。会议主要任务是以习近平新时代中国特色社会主义思想为指引，学习贯彻党的二十大精神，落实全国自然资源工作会议要求，总结新时代十年不动产统一登记改革成效经验，谋划今后五年确权登记工作。自 2013 年 3 月《国务院机构改革和职能转变方案》明确提出建立不动产统一登记制度，至今已经整整 10 年。10 年来，各级不动产登记机构坚决贯彻党中央、国务院决策部署，蹄疾步稳，稳妥推进。前 5 年是夯基垒台，截至 2017 年年底全面实现"四统一"改革任务，在中国历史上第一次实现了不动产统一登记；后 5 年是改革创新、提质增效，不断提升便利化服务水平。不动产统一登记保护产权、保障交易和生态安全、便民利民的作用越来越凸显。下一步，要系统谋划未来 5 年的确权登记工作，持续深化不动产登记改革创新，全面保护人民群众不动产合法权益，持续推进农村不动产确权登记，完善自然资源确权登记制度，加强统一登记基础建设。

江苏省发布 2023 年自然资源统一确权登记通告。根据自然资源部、财政部、生态环境部、水利部、国家林业和草原局联合印发的《自然资源统一确权登记暂行办法》和江苏省人民政府办公厅印发的《江苏省自然资源统一确权登记总体工作方案》的部署，江苏省对新孟河等 11 条河流、高邮湖等 2 个湖泊、石梁河水库等 4 个水库自然资源所有权开展首次登记，共涉及 12 个设区市 31 个县（市、区）。在完成方案编制、资料收集、预划登记单元等工作的基础上，江苏省发布自然资源统一确权登记通告。下一步，江苏省将按照资源公有、物权法定的原则，有序推进自然资源统一确权登记项目实施，完善自然资源资产产权制度，支撑自然资源合理开发、有效保护和严格监管。

四川省召开 2023 年度全省自然资源系统确权登记工作总结会。2023 年 11 月 30 日，2023 年度四川省自然资源系统确权登记工作总结会在凉山彝族自治州西昌市召开。会议要求，各地要锚定目标任务，注重统筹兼顾，一以贯之做好年底前及 2024 年重点工作。要加快四川省不动产登记"四统一"进度，妥善解决历史遗留问题，扎实开展四川莲宝叶则国家湿地公园等 10 个自然保护地的确权登记工作，稳妥推进农村不动产确权登记，确保 2023 年年底前实现宅基地改革试点地区发证到户，2024 年年底前全面完成林权数据整合汇交。要持续强化登记队伍作风建设，继续深入开展业务培训和"局长进大厅"活动，推动不动产登记更好地服务企业和群众。要坚持系统观念，深化改革成果，系统谋划未来五年统一确权登记工作，全力推动四川省确权登记工作再上新台阶。

## 5.2 排污权交易

我国排污权交易机制建设取得阶段性成果。2023 年 3 月，全国政协十四届一次会议和十四届全国人大一次会议相继在北京召开。在地方两会代表委员建议提案中，江西、贵州均提出推动排污权市场化交易，且在排污权金融工具运用方面，福建省政协委员也提出支持探索开发排污权抵押贷款等生态产品权益、收益与信用相结合的专项金融产品的相关建议，以"治污减排"为核心的排污权改革，让"减排"收获更多目光，并推动各地奔赴高质量发展。2023 年，我国积极推动排污权有偿使用和交易工作，国家层面陆续出台了多项有关排污交易的支持性政策，进一步明确了排污权交易的机制建设在全国统一大市场建设、要素市场化配置、节能减排、西部大开发、新旧动能转换、生态保护补偿机制、黄河生态保护治理、长三角区域公共资源交易一体化、成渝地区双城经济圈等局部地区高质量发展过程中的重要地位。

各省（区、市）对重点区域逐步开展试点工作。截至 2023 年年底，全国共 28 个省（区、市）在全省（区、市）或者选取重点区域开展试点，其中，有 16 个省（区、市）进行了实质性交易。试点地区选取火电、钢铁、水泥、造纸、印染等重点行业作为交易试点行业，通过建立排污权电子竞价交易、排污权储备调配、交易价格管理、排污权抵押贷款投融资等机制，推动排污交易取得了积极成效。大部分省（区、市）以二氧化硫、氮氧化物、化学需氧量、氨氮 4 项主要污染物开展政策设计和交易，部分省（区、市）因地制宜，逐步将重金属、挥发性有机物、一般工业固体废物、粉尘等纳入试点范围。试点地区不断探索排污权交易制度创新。浙江等 19 个省（区、市）约 15 万家企业开展了初始排污权核定，明确了每个企业排污总量及监管要求，探索排污权抵质押贷款。河北推行排污权确权改革，完成了 7.6 万家排污许可持证单位排污权确权。福建成立 47 个覆盖省、市、县三级的排污权管理机构、7 个交易服务分中心，实施省级统一指导和分级分类管理。

浙江印发排污权有偿使用和交易管理办法。2023 年 3 月 14 日，浙江省人民政府办公厅印发《浙江省排污权有偿使用和交易管理办法》（以下简称《办法》），加快构建全省统一的排污权交易市场。《办法》划明了排污权交易的原则，明确了排污权交易的范围、平台、定价、转让、租赁、储备、调配、监管等全流程，稳步推进挥发性有机物排污权交易试点扩面，探索开展长三角跨区域排污权交易试点。据"浙江省排污权交易指数"信息系统监测，2023 年 3 月，浙江省排污权交易指数出现回落，环比、同比呈下跌走势，COD、$NH_3-N$、$SO_2$、$NO_x$ 4 种主要污染物交易指数环比、同比均呈 "两涨两跌"走势。从成交量和交易活跃度来看，3 月排污权总成交量和交易活跃度同步回升。

宁夏排污权交易规则 2024 年起实施。2023 年 8 月，宁夏回族自治区党委召开"六权"改革推进会，印发《关于深化"六权"改革的意见》

（宁党办〔2023〕53 号），指出要优化排污权交易服务管理，适时修订《宁夏回族自治区排污权交易规则》。为贯彻落实自治区"六权"改革推进会精神和《关于深化"六权"改革的意见》要求，进一步规范排污权交易工作，优化交易服务，提升排污权管理水平，2023 年 12 月，宁夏回族自治区生态环境厅会同宁夏回族自治区公共资源交易管理局修订印发了《宁夏回族自治区排污权交易规则》，该规则于 2024 年 1 月 12 日起施行。

## 5.3 碳排放权交易

全国碳排放权交易市场健康平稳有序运行。2023 年以来，生态环境部先后印发了《关于做好 2023—2025 年发电行业企业温室气体排放报告管理有关工作的通知》《2021、2022 年度全国碳排放权交易配额总量设定与分配实施方案（发电行业）》《关于做好 2023—2025 年部分重点行业企业温室气体排放报告与核查工作的通知》等文件。截至 2023 年 12 月 26 日，碳排放配额累计成交量 4.4 亿 t，成交额 248.4 亿元。大部分省份以 $SO_2$、$NO_x$、$COD$、$NH_3\text{-}N$ 4 项主要污染物开展政策设计和交易，部分省份因地制宜，逐步将重金属、挥发性有机物、一般工业固体废物、粉尘等纳入试点范围。

全国温室气体自愿减排交易市场启动。2023 年以来，按照党中央、国务院关于建设全国温室气体自愿减排交易市场的决策部署，生态环境部会同市场监管总局发布了《温室气体自愿减排交易管理办法（试行）》，明确了市场管理总体思路、工作流程和参与主体各方权责，制定发布了造林碳汇、并网光热发电、并网海上风力发电、红树林营造等首批 4 项方法学，支持林业碳汇和可再生能源领域发展。市场监管总局发布了《温室气体自愿减排项目审定与减排量核查实施规则》，国家应对气候变化战略研究和国际合作中心、北京绿色交易所发布了《温室气体自愿减排项目设计与实施指南》《温室气体自愿减排注册登记规则（试行）》《温室气体自愿减排交易和结算规则（试行）》等配套制度文件，完成了全国统一的温室气体自愿减排注册登记系统和交易系统建设，明确了两系统的运行和管理机构。市场启动后，各类社会主体可以按照项目方法学等技术规范要求，自主自愿开发温室气体减排项目。项目产生的减排效果经过核算、核查并申请完成登记后，可在市场出售并获取相应的减排贡献收益。

碳市场交易规模逐渐扩大。数据显示，2023 年 1 月 3 日至 12 月 29 日，全国碳市场共运行 242 个交易日。碳排放配额年度成交量 2.12 亿 t，年度成交额 144.44 亿元。其中，"碳排放配额 19～20" 成交量 4 752.84 万 t，占全年成交量的 22.43%（图 5-1），成交额 31.92 亿元；"碳排放配额 21" 成交量 4 167.60 万 t，占全年成交量的 19.66%，成交额 28.57 亿元；"碳排放配额 22" 成交量 1.23 亿 t，占全年成交量的 57.91%，成交额 83.95 亿元。从交易时间来看，2023 年全国碳市场的交易主要集中在下半年，一至四季度成交量分别占全年总成交量的 2%、2%、25%、71%，10 月成交量（9 305.13 万 t）为全年度峰值（图 5-2）。总体来看，全国碳市场上线运行以来，市场运行健康有序，交易价格稳中有升，企业交易更加积极，市场活力逐步提高。

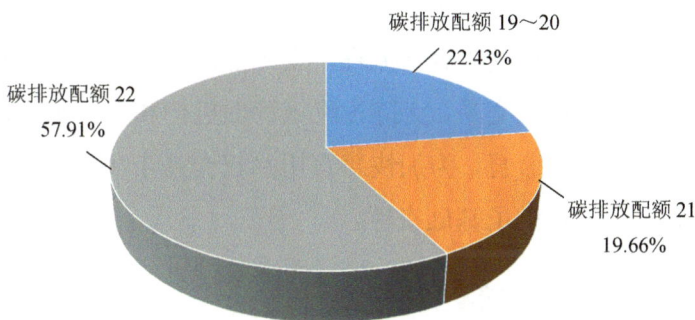

图 5-1　碳排放配额比例

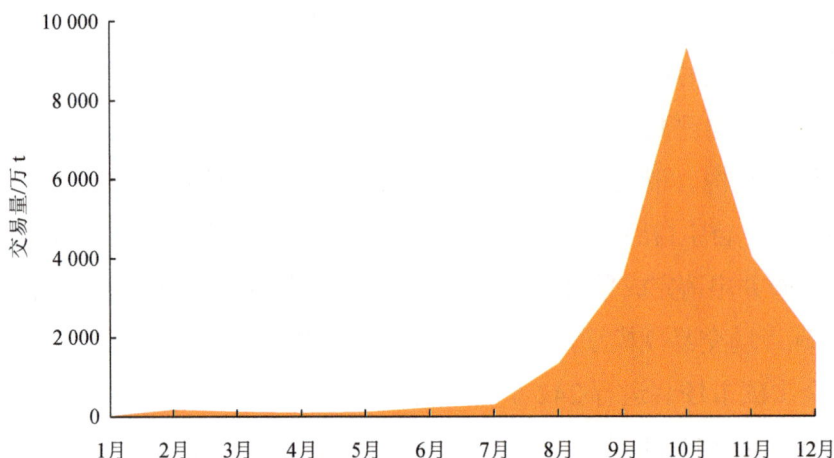

图 5-2　2023 年全国碳市场各月交易量

## 5.4　水权交易

全国水权交易系统完成部署工作。截至 2023 年年底，7 个流域管理机构、31 个省（区、市）和新疆生产建设兵团、5 个计划单列市已全部完成系统部署。其中 17 个省（区）应用系统开展了用水权交易，降低了交易成本，促进水资源在更大范围内优化配置和节约集约利用。全国水权交易系统集成交易申请、信息发布、交易匹配、资金结算、协议签订、交易鉴证、开具发票等全流程，支撑全国各地、各类用户以公开或协议等方式开展在线交易，支持各流域管理机构和地方水行政主管部门对交易全过程进行监督，为加快培育用水权交易市场、激活用水权交易、规范交易行为提供了基础支撑。

### 5.4.1　水权交易市场实践进展

2023 年成交单数总量相比 2022 年大幅增长（图 5-3）。其中，区域水权交易共有 9 个省（区）参与，成交单数从高到低依次为山东省、浙江省、河北省、江苏省、四川省、宁夏回族自治区、广西壮族自治区、西藏自治区、江西省，成交单数较 2022 年有一定增长；取水权交易成交单数前 10 名从高至低依次为江苏省、四川省、安徽省、山东省、重庆市、福建省、河北省、广西壮族自治区、天津市、湖北省，成交单数较 2022 年增长明显；灌溉用水户水权交易共有 9 个省（市）参加，成交单数从高至低依次为甘肃省、湖南省、山东省、山西省、湖北省、四川省、重庆市、河北省、陕西省，成交单数较 2022 年大幅增长。

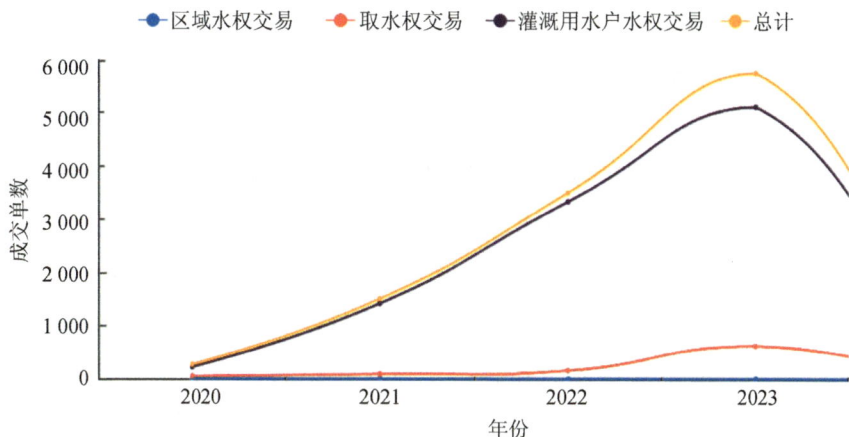

**图 5-3　全国水权交易成交单数统计**

数据来源：中国水权交易所-交易统计。

　　2023 年水权成交总量相比 2022 年有所上升（图 5-4）。其中，取水权交易成交量出现明显上升，区域水权交易和灌溉用水户水权交易的成交量较 2022 年大幅增长。从图 5-4 中可以明显看出，水权成交总量总体情况在 2022—2023 年出现大幅上升；2022—2023 年，区域水权交易呈先下降后上升又下降的波动趋势，取水权交易则是呈先上升后下降又上升的波动趋势。

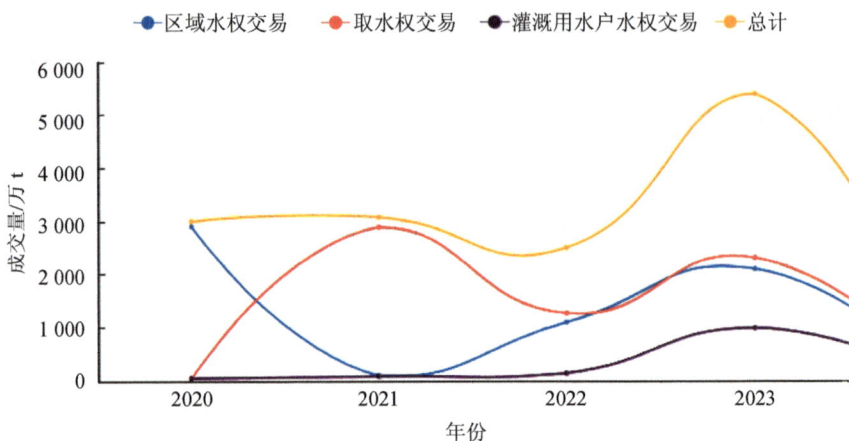

**图 5-4　全国水权交易成交量统计**

数据来源：中国水权交易所-交易统计。

水权交易规模小幅上升（图 5-5）。2023 年全国水权交易规模、区域水权交易、取水权交易、灌溉用水户水权交易均有所上升。在区域水权交易方面，2020—2021 年出现较大幅度的降低，随后逐渐上升，但依旧没有恢复至 2020 年水平，而取水权交易则是在 2020—2021 年出现上升，随后保持下降水平。从全国水权交易规模来看，2020—2022 年是处于一个下降的趋势，而 2022—2023 年处于小幅上升状态。

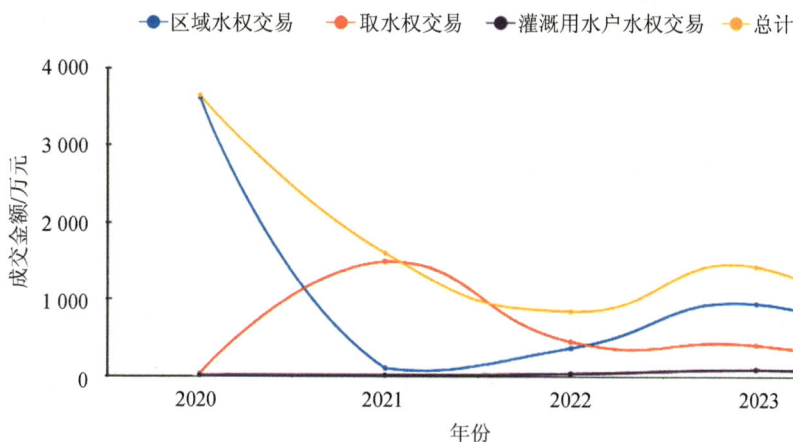

图 5-5　全国水权交易成交金额统计

数据来源：中国水权交易所-交易统计

## 5.4.2　地方实践进展

四川各地水权交易有新进展。截至 2023 年年底，四川各地推进水权水市场改革规范明晰用水权，完善用水权市场化交易制度取得了积极进展。2023 年 11 月，宁夏回族自治区宁东能源化工基地管理委员会以 1 800 万元的价格购得四川省阿坝藏族羌族自治州出让的 2024—2026 年共计 1 500 万 $m^3$ 黄河用水权并在中国水权交易所交易成功，成为全国首单跨省区域水权交易。2023 年 11 月，达州市首宗水权交易在达州市水务局完成集中签约。签约涉及大竹县、渠县和万源市 3 个县（市）的 7 宗交易指标转让，共交易水量 56.5 万 $m^3$，交易金额 6.3 万元。2023 年 11 月，北京同仁堂科技发展成都有限公司与成都市兴蓉万兴环保发电有限公司通过协议转让的方式在中国水权交易所顺利完成 0.5 万 $m^3$ 的水权交易，这也是都江堰东风渠灌区完成的首单水权交易。2023 年 10 月随着中国水权交易所股份有限公司出具什邡市尚度家俬厂购买什邡市灯煌家私有限责任公司 0.05 万 m³ 水资源使用权的水权交易鉴证书，德阳市完成首宗水权交易，标志着德阳市水权与水价改革工作向实践迈出重要一步。2023 年 8 月，喜德县阳光温泉大酒店有限责任公司通过节约用水措施将 2023 年节余的 5 万 m³ 地热水水权协议转让给西昌市航天温泉娱乐城。

海南积极推动用水权交易持续落地。2023 年以来，海南省以推进建立市场化、多元化生态补偿机制为目标，积极推进用水权改革，在全省范围内探索开展水权交易，实现"资源有价、使用有偿"的水资源有偿使用模式，两个月内实现用水权交易从首单到多单的突破，交易水量等指标节节攀升。截至 2023 年年底，海南省共完成 4 宗再生水水权交易和 1 宗原水水权交易，交易水量共计 32.9 万 m³，充分发挥了市场机制优化配置水资源的作用，不仅解决了企业的用水难题，而且强化了水资源刚性约束，促进水资源从"闲置"向"增值"转变，为深入开展水权交易树立了典型和标杆，为全面盘活用水存量起到了良好的示范引领作用。

辽宁省完成首单线上水权交易。2023 年 11 月，位于辽宁省本溪市的本溪北营钢铁（集团）股份有限公司 2.5 万 m³ 水资源使用权交易正式完成。这是辽宁省首宗在国家水权交易平台完成的水权交易，填补了辽宁省线上水权交易市场的空白。此次交易转让方本溪北营钢铁（集团）股份有限公司通过加强节水管理和节水技术升级，年度用水量有一定节余，而受让方辽宁东颢化工有限公司亟须生产用水补给。在水利部门的指导下，双方最终顺利完成交易。此次交易增强了取用水企业的节水动力，通过市场化方式破解了企业用水难题。

黑龙江省首例跨行业水权交易顺利完成。2023 年 12 月，黑龙江省首例跨行业水权交易签约仪式在桦川县举行。本次用水权交易转让方为桦川县悦来灌溉站，受让方为桦川县给排水有限公司，双方通过协商确定交易水量为 24.75 万 m³，交易单价为 0.12 元/m³，交易期限为一年。本次水权交易是黑龙江省首例农业和非农业之间的跨行业用水权交易，也是黑龙江省第一例通过省级平台应用全国水权交易系统开展的水权交易。这是流域、省、市三级联合指导推进水权交易的成功案例。

云南省在全国水权交易系统完成首单水权交易。2023 年，《关于推进用水权改革的实施意见》印发，云南省水利厅官方网站搭建了云南水权交易大厅，建立了与全国统一的水权交易系统和交易规则、技术标准、数据规范。2023 年 12 月，云南省在全国水权交易平台完成了首单水权交易。本次交易标志着云南省水权改革工作取得实质性进展，为下一步积极发挥市场调节作用，提高全省水资源利用效率，促进经济社会高质量发展提供了经验借鉴。

上海用水权首批交易试点项目签约。2023 年 1 月，上海市水务局印发了《关于开展用水权交易试点工作的通知》，明确试点工作要求，并由上海市公共资源交易平台组织实施交易。2023 年 12 月，上海市用水权首批交易试点项目签约仪式在上海交易集团（上海市公共资源交易中心）隆重举行。本次签约仪式的成功举行，是上海市用水权交易从无到有的新突破，也是上海市水资源管理工作进一步深化取得的新成果。2023 年 12 月 28 日，上海用水权交易系统将正式上线，标志着上海市用水权改革迈上新阶段。

## 5.5 用能权交易

国家探索开展用能权等市场化交易。2023 年 1 月 19 日，国家发展改革委在国务院新闻办公室举行的《新时代的中国绿色发展》白皮书新闻发布会上表示，利用市场化的手段，促进资源节约和高效利用，全面推行居民用电、用水、用气阶梯价格制度，通过阶梯价格让大家尽可能节约，对高耗能行业实施差别化电价政策，落实税收优惠政策，探索开展用能权等市场化交易，推动资源高效配置。2023 年 7 月，中共中央、国务院发布《关于促进民营经济发展壮大的意见》，提出鼓励民营企业自主自愿通过扩大吸纳就业、完善工资分配制度等，提升员工享受企业发展成果的水平，支持民营企业参与推进碳达峰碳中和，提供减碳技术和服务，加大可再生能源发电和储能等领域投资力度，参与用能权交易。

浙江省用能权有偿使用和交易市场正式启动。2023 年 8 月，浙江省人民政府办公厅印发《浙江省用能权有偿使用和交易试点工作实施方案》，对全省用能权有偿使用和交易试点工作作出总体部署和安排。浙江省发展改革委结合实际制定相应办法，明确了用能权交易框架、模式、范围、程序、规则和监管办法。浙江省按照"统一标准、统一监管、就近交易"原则，开发建设了用能权有偿使用和交易系统及平台，建立了全省统一的注册登记、买卖审批、确权认定、资金账户、指标划转、数据统计和公示公告等系列模块，搭建了"一平台、三系统"交易信息网络。浙江省先后出台了非金属矿物制品业、化学原料和化学制品制造业等 8 个重点行业用能权确权技术规范。2023 年 12 月，浙江省用能权有偿使用和交易启动仪式暨节能新技术、新产品、新装备推介会在浙江展览馆隆重举行，这标志着浙江省用能权有偿使用和交易市场正式启动。

宁夏启动用能权有偿使用和交易改革。2023 年 5 月，宁夏印发《关于开展用能权有偿使用和交易改革 提高能源要素配置效率的实施意见》，以优化能源资源配置为导向，严格能源消费强度和总量"双控"，建立用能权有偿使用和交易制度体系，培育和发展用能权交易市场，引导能源资源要素向高质量项目、企业、产业汇聚，持续提升能源资源利用效率。自改革工作启动以来，宁夏坚持高位推动，成立自治区用能权改革专项小组和工作专班，高起点、全方位组织实施，制定并印发了《宁夏回族自治区用能权有偿使用和交易管理暂行办法》《宁夏回族自治区用能权有偿使用和交易第三方审核机构管理暂行办法》《宁夏回族自治区用能权市场交易规则（试行）》《宁夏回族自治区用能权抵押融资操作指引（试行）》。同时，《宁夏回族自治区用能权交易资金管理办法》已进入征求意见阶段，宁夏用能权改革"1+5"政策制度体系基本构建。2023 年 11 月 2 日，宁夏回族自治区公共资源交易平台用能权交易系统上线试运行，系统的试运行将开启宁夏回族自治区"六权"改革用能权资源配置市场化新篇章。

## 5.6　其他环境权益交易

集体林权制度改革推动生态产品价值实现。2023 年 9 月，中共中央办公厅、国务院办公厅印发《深化集体林权制度改革方案》，提出需要结合金融供给侧改革来完善生态产品价值实现机制，推动国民经济向"两山"转化。森林资源在自然条件下具有天然的生长增长率，符合林地价值的增值属性，不仅能吸引投资人将定价之"锚"转移到生态建设，而且可为已经过剩的资本提供新的投资领域。

丽水全面推进生态产品价值实现机制示范。丽水基于生态系统生产总值（GEP）核算，建立生态产品政府采购和市场化交易机制。依托市、县国企探索组建两山合作社，在乡镇（街道）组建"生态强村公司"，构建生态资源资产开发经营的服务平台和生态产品市场化交易平台，负责行政区划内生态产品收储、开发及市场化运营。截至 2023 年年底，全市累计组建两山合作社 10 家、"生态强村公司" 173 家，成为收储运营生态产品、治理修复生态环境、培育发展生态产业的主导力量，带动社会主体共同参与生态产品开发经营。

## 5.7 小结

### 5.7.1 存在的问题

（1）自然资源产权交易

信息不对称仍是自然资源产权交易的制约因素。由于资源的复杂性和多样性，涉及的信息量庞大且分散，在资源管理中存在信息获取、传递和利用的不对称现象。信息不对称使资源管理的决策存在隐患。政府、企业和公众等利益相关方对于资源的信息获取和理解存在差异，其中一方可能掌握了更多的信息，从而影响决策的公正性和科学性，甚至可能导致资源的滥用与破坏。信息不对称加剧了资源开发与环境保护的矛盾。在资源开发过程中，政府和企业在信息掌握上通常具有优势，而公众对于资源环境的影响和利益受损的风险了解有限。这导致了资源开发与环境保护之间的信息不对称，不利于协调推进资源的可持续利用和生态环境的保护。

（2）排污权交易

现存环境成本负担机制不合理。现阶段在排污权取得方式上，多个省份对新老污染源（或新老企业）实行差别化管理，即仅针对新（改、扩）建项目新增排污权的排污单位实施有偿使用，老污染源（或老企业）则可无偿使用。这样一来，新、旧固定污染源排污权获取方式的差异导致先准入的企业或污染源应付的占用环境资源要素的代价尚未完全体现在企业经营成本中，实质上构成了不公平竞争，也不利于激发企业履行环保责任的内生动力。旧污染源量大面广，无偿使用不利于建立合理的环境成本负担机制和污染治理激励机制，排污权交易制度"充分发挥市场在资源配置中的决定性作用"的政策目标难以有效实现。这也影响了排污权二级市场的活跃发展。

（3）碳排放权交易

碳排放权交易市场的透明度较差。我国碳排放权交易市场的信息不透明，企业不愿意公开碳排放量、碳排放配额总量、配额方案以及交易数据等信息，导致各企业信息获取不及时，不能作出有效的交易决策。不透明的碳排放权交易市场信息，使交易双方不能确定公平合理的市场定价，大幅增加了交易成本，降低了交易效率，导致我国的碳排放权交易市场缺乏流动性，市场发展缓慢。

碳排放权交易市场存在不畅通问题。碳排放权交易市场价格机制的生成和传导主要集中于试点地区和特定行业企业，尤其是集中在制造业、能源、电力、交通物流、能源化工等碳排放较高的特定行业，碳排放配额指标向其他行业企业和部门流动的市场机制不畅通，特别是在我国现行碳排放市场体系下，碳排放权交易市场主要集中在对国民经济影响较大的制造业、电力、化工等生产部门，而这些行业都在国民经济发展中扮演着十分重要的角色，一旦受到碳排放配额指标影响，必然会对国计民生产生不利影响。同时，这些行业的碳排放配额指标难以通过市场价格机制向其他社会生产部门和消费部门传导，难以形成碳排放权交易市场大循环。在"双碳"目标约束下，地方政府为了完成配额目标，将减排任务压在企业身上并演变成企业负担，导致碳排放在生产端和消费端形成不公平分配，此外，国内试点地区仍然存在一定的政策差异，市场分割比较明显，难以形成相对统一的政策体系，这会影响碳排放权交易的自由流动和市场效果，从而制约碳排放权交易统一大市场的形成，最终影响我国"双碳"目标的实现。

（4）水权交易

水权交易透明度与信息公开存在不足。一方面，我国水权交易的过程不够透明，交易结果的执行也缺乏约束，使水权交易难以被公众和市场认知、认可；另一方面，除中国水权交易所外，全国还存在多个地方环境权益交易平台，而部分地区的水权在地方性平台交易，进一步导致各地交易信息不对称，地域与平台的分割也造成了水权价格的有效性不足，市场上尚未形成一个公正的、客观的交易价格，难以通过价格信号引导市场广泛向节水经营模式转型。

水权交易主体覆盖不足，产品创新缺乏推广渠道。当前，虽然全国大多数省级行政区出现了至少一种水权交易，也有多个省级行政区在三种水权交易方面都有了丰富实践经验，但根据公开资料统计，除中国香港、中国澳门、中国台湾外仍有7个省级行政区尚未参与水权交易，主体覆盖有待进一步扩大。同时，水权交易市场中的雨水、地下水、串联用水等创新交易品种往往无法得到延续与推广，表明当前水权交易缺乏市场参与主体间的沟通与推广渠道，不利于市场长远发展。

（5）用能权交易

对用能权交易与碳排放权交易之间协调机制的探索尚浅。两者广义来讲本质相同，都是利用市场调控以激励节能减排。用能权交易属于前端治理，从温室气体产生的源头进行优化能源结构等能耗控制，主管部门是国家发展改革委；而碳排放权交易属于末端管治碳排放，限制企业排放量，主管部门是生态环境部。企业在面临多种政策时，虽从政府部门的管控角度来看各政策相互独立，但落实到具体用能单位会存在交叉重叠，造成多头管理、双重奖惩，给两个市场的运行效率带来不利影响。当前，仅河南省对用能权交易的覆盖范围作出规定以避免市场的重复管控，其他试点尤其是以开展存量交易为主且建有区域碳市场的福建省与四川省，其交易主体在面对两个市场时存在较大重叠，企业需进行能耗指标与碳排放指标的双重审核，大幅地增加了企业的节能减排成本。

试点市场的交易体量较小，透明度较低，监管规则尚待优化。通过分析 2023 年已披露的各试点市场交易情况，浙江省的用能权交易最为活跃且体量较大，其余试点的交易量差异较大。在流动性方面，浙江省出现了一例企业之间交易的二级市场案例，但从总体来看，我国用能权交易仍主要停留在政府与企业之间的交易形式，活跃度较低。而且，在有关交易信息披露方面，各地对于信息透明度未制定相关要求，仅浙江省提供了较为全面的交易信息，四川省提供的模拟信息数据很大程度上影响了当地市场交易并缺乏严谨性，因此用能权交易市场的数据管理有待加强。另外，各试点市场的监管制度尚未完善，交易市场操作的合规性、公平性与透明度难以确保。

（6）其他权益交易

价值难以评估，未来收益不确定性大。由于生态资源本身具有区域整体性，所有权、使用权、开发权、收益权等通常涉及多个部门单位，产权划分难以界定。而对自然资源进行市场化开发经营，需要将自然资源整合包装成为权属清晰的生态项目，并在此基础上对项目进行价值评估。在产权边界模糊、各项权属界定不清晰的前提下，价值评估及市场收益分配将面临较大挑战。进一步而言，若是成功将自然资源重新整合并划分为独立项目，除去其有形资产，生态资源还存在无形价值且构成复杂（生态价值、文化价值等），在缺乏量化评估指标的情形下，生态产品真实的市场价值难以得到准确评估及广泛认可。同时由于其经营回报周期长和外部性的特征，未来的净收益及其流入节点不确定性大，加大了市场主体投资开发生态产品项目的风险。

### 5.7.2 发展方向

（1）自然资源产权交易

将自然资源的生态效益与经济效益有效结合起来。我国政府在对自然资源资产进行管理的过程中，应该转变以往的管理模式以及管理理念，将自然资源所具有的生产功能与生态功能进行有机的结合，这样既能利用自然资源的生产功能获取经济效益，又能确保在开发与利用自然资源的过程中让生态环境免受破坏，以此实现自然资源资产管理工作的"双赢"目标。我国政府应该根据自然资源的使用功能进行区域的划分，同时要设置相应的保护区域，不仅如此，相关政府部门还要对自然资源区域内的生态环境进行深入的了解，并根据区域的环境情况制定科学的自然资源开发强度，以此制约相关人员对自然资源的开发限度，为自然资源的可持续发展提供有效的保障。除此之外，相关政府部门对于过度开发的资源区域实行合理的限制措施，并提高对此区域环境的修复及改善力度，而在一些重要的生态功能区，相关部门要制定强制的保护措施，并要求自然资源区域的承包者在保证区域生态环境的基础上，对其中的自然资源进行合理的开发利用，以此获取相应的经济效益。

（2）排污权交易

建立科学规范的总量指标核定机制以及排放权分配方法。面对总量控制和指标分配机制尚不完善的问题，需要结合地区环境质量和容量确定域内排污单位许可排放总量的上限目标，同时根据行业、企业具体生产经营情况规划年度减排任务并层层分解，从而实现排污权与地区环境容量的有效衔接，引导并激励管辖区内的控排企业积极投入减排实践。针对排放权分配中存在的问题，应明确配额分配和排污权定价的指导，各地区应兼顾大局、统筹安排，根据本地实际情况选择合理的定价方法和配额期限，使排污权的价格能够市场化，真实体现供需状况。另外，政府应推动市场发挥作用，制定明确的交易机制，并提高信息的公开性和透明性，充分发挥排污权交易中心的作用，让企业有了解信息的渠道和直接交易的平台，使市场信息公开、透明，激励企业参与，促进市场发展。

（3）碳排放权交易

完善碳排放权交易市场的制度保障。一是要加快完善配套法律制度。抓紧修改和完善碳排放权交易管理相关条例，明确碳排放配额的法律地位和金融属性，为碳排放权交易市场发展提供法律保障，促进碳配额衍生品和碳金融产品服务创新和交易增长。二是要优化碳核查制度。从法律层面明确碳核查机构的职责边界，强化碳核查惩戒约束，建立核查机构的资质管理，制定核查指导文件和参照标准，加强碳核查人员队伍建设，提升碳核查工作质量，为碳排放权交易市场提供数据质量基础。三是要强化碳核查基础建设。短期内应加快统一碳核算规则，加强碳核查人才和机构建设，并以逐步建立并过渡到基于测量的碳核算方法为中长期目标。

（4）水权交易

重视水权交易市场发展与其他水利改革措施的衔接和协调，培育市场更好地发挥水资源优化配置的作用。依靠政府补贴造成水资源的无价和廉价，导致水资源的极大浪费，同时不利于培育水权交易市场。水权交易市场的发展需要与其他水利改革措施（包括农业水价综合改革、确权登记制度建设等）做好衔接和协调。例如，农业水价综合改革与水权制度建设两者相辅相成，一方面农业水权制度建设是农业水价改革的重要基础；另一方面水价改革的成效反过来助力水权制度建设，两者的衔接和协调至关重要。多种市场手段良好配合，才能培育起真正具有自身活力的市场，在水资源的优化配置中发挥更关键的作用。

（5）用能权交易

推动用能权交易与碳排放权交易的协同发力，建立完善的耦合机制。首先，为使这两个市场的运作更加顺畅，建议率先鼓励支持已开展两个市场交易的地区进行协同试点示范，不断验证协同效应对于市场效率、企业成本等方面的影响，在此基础上进一步提炼经验、优化完善继而加以全国推广。其次，在最初确认控量目标时，应确保剔除二者目标中的重叠部分，充分考虑另一方机制的影响。最后，可以考虑用能权与碳排放权指标之间的互认制度，建立二者之间的转化比率，使二者互为补充、形成合力，同时对比率加以限制，以避免供需失衡、市场失灵，从而统筹兼顾，减轻企业的节能减排负担，产生"1+1＞2"的效果。

鼓励非试点地区开展交易工作，夯实数据管理，进一步完善监管机制。我国用能权交易的体量较小，市场流动性较差，试点信息披露质量参差不齐。因此，为未来全国统一用能权交易市场的建设夯实基础、积累经验。首先，建议在试点市场开展交易工作的同时，鼓励其他非试点地区积极开展用能权交易相关机制的探索，主动作为，利用市场化机制进一步挖掘社会节能降碳的潜力，探索资源优化配置的机制成果，积极创新，为其他地区实现绿色高质量发展提供实践经验。其次，数据信息的强化管理对于保障用能权交易市场的透明度、公平性、有序性等至关重要，因此，建议试点地区尽快出台数据披露、核算标准等的规范要求，推动企业严格按照统一口径开展数据统计及披露，避免数据造假行为。此外，交易市场的平稳运作离不开有力的监管，建议借鉴欧盟和澳大利亚在白色证书交易领域的成功经验，从用能权审核管理和交易市场的监管方面建立双支柱监管机制，多层次提升监管效率，有效保障监管效果。

（6）其他权益交易

以跨领域的制度协同夯实生态产品市场化基础。在国家层面，应进一步强化制度设计，明确生态产品价值实现过程中利益相关方的权利义务，通过制度设计完善生态产品市场化经营的价值评估方法及量化核证标准，建立和规范生态产品交易规则和程序。在地方层面，应关注与国家政策的适应性衔接，完善地方生态资产盘查、规划及各项保障制度构建。更进一步地，为保障金融资源的有效介入，地方政府应加快构建地区生态产品目录及项目清单，加快地区生态品牌建设，并在此基础上探索构建绿色金融标准体系对生态产品项目的全面覆盖与发展指引，促进市场主体与金融机构的有效对接。

# 6

# 绿色税收政策

中国绿色税收政策体系已初步形成。环境保护税的开征和资源税的完善，体现中国绿色税制建设有了新的突破。消费税、车船税、增值税、企业所得税等传统税种都采取了相应的"绿化"调整，如对成品油、机动车、电池、涂料等污染产品征收消费税，对节能、低污染的新能源车进行税收减免，出台鼓励资源综合利用的增值税和所得税政策，对环保、节能节水专用设备和项目实施企业所得税给予优惠等。绿色税收制度在促进节能减排与环境治理等领域的积极效应明显。迄今为止，建立绿色税收制度是国际社会解决环境问题、提高环境质量与促进绿色发展最有效的制度选择。

## 6.1 环境保护税

作为中国首部专门体现"绿色税制"、推进生态文明建设的税制，环境保护税旨在利用市场机制激励企业通过绿色技术创新、技术工艺革新和产业结构转型等方式来减少污染物排放，"多排多缴、少排少缴、不排不缴"是环境保护税坚持的原则。环境保护税的实施有利于促进环境污染管控与治理领域的绿色技术创新，也有利于吸引资金向更绿色、更环保的领域流动和倾斜，对保护和改善环境、减少污染物排放、推动绿色转型发展具有重要意义。

收入规模持续稳定。根据财政部公布的 2023 年财政收支情况，至 2023 年 1—11 月，全国税收收入 181 129 亿元，同比增长 8.7%；其中，环境保护税 205 亿元，同比下降 2.9%。环境保护税开征 6 年以来，每年税收收入分别为 151 亿元、221 亿元、207 亿元、203 亿元、211 亿元和 205 亿元（图 6-1），整体收入规模保持稳定。

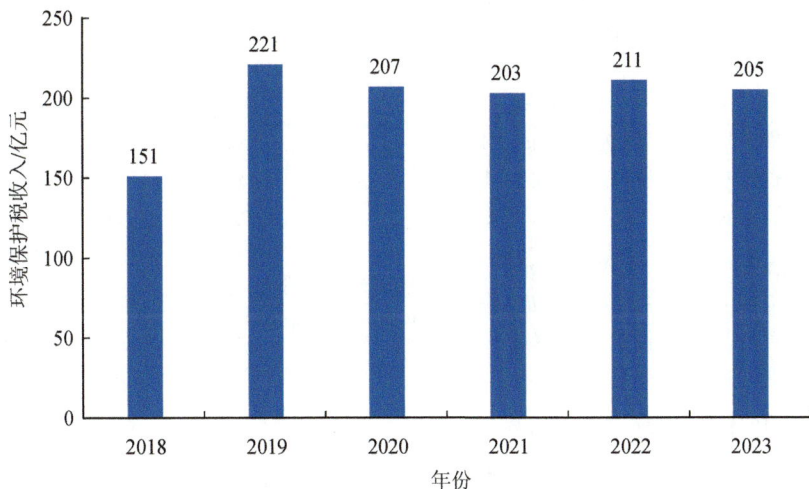

**图 6-1　2018 年至 2023 年 11 月全国环境保护税收入**

地方更新完善征收制度。为贯彻落实《中华人民共和国环境保护税法》等相关政策规定，加强环境保护税征收管理，规范环境保护税核定计算，维护纳税人合法权益，地方税务局与生态环境厅（局）持续完善环境保护税收制度，详见表 6-1。环境保护税针对不同危害程度的污染因子设置差别化的污染当量值，利用"多排多征、少排少征、不排不征"

的政策，有效指导企业树立节约型环境保护理念。通过优化税收支持政策体系，发挥税收政策对节能减排行为的激励作用，提高企业参与环保事业的积极性，进一步激发社会对节能减排的热情和动力，促进企业提升产品质量。

表 6-1　地方层面出台的环境保护税政策

| 序号 | 政策名称 | 发布部门 | 发布时间 | 文号 |
|---|---|---|---|---|
| 1 | 国家税务总局云南省税务局　云南省生态环境厅关于环境保护税核定计算有关事项的公告 | 国家税务总局云南省税务局、云南省生态环境厅 | 2023 年 1 月 19 日 | 国家税务总局云南省税务局　云南省生态环境厅公告 2023 年第 1 号 |
| 2 | 国家税务总局甘肃省税务局　甘肃省生态环境厅关于发布《甘肃省环境保护税核定征收管理办法》的公告 | 国家税务总局甘肃省税务局、甘肃省生态环境厅 | 2023 年 3 月 13 日 | 国家税务总局甘肃省税务局　甘肃省生态环境厅公告 2023 年第 1 号 |
| 3 | 国家税务总局湖南省税务局　湖南省生态环境厅关于发布《湖南省环境保护税核定计算管理办法》的公告 | 国家税务总局湖南省税务局、湖南省生态环境厅 | 2023 年 6 月 9 日 | 国家税务总局湖南省税务局　湖南省生态环境厅公告 2023 年第 1 号 |
| 4 | 国家税务总局山西省税务局　山西省生态环境厅关于施工扬尘环境保护税核定计算及征收管理有关事项的公告 | 国家税务总局山西省税务局、山西省生态环境厅 | 2023 年 12 月 21 日 | 国家税务总局山西省税务局　山西省生态环境厅公告 2023 年第 4 号 |

双向发力促绿色升级。环境保护税开征以来，截至 2023 年 7 月，全国累计落实环境保护税优惠减免 564 亿元，与之对应的是，环境保护税申报数据显示，万元 GDP 污染物排放当量数从 2018 年的 1.16 下降到 2022 年的 0.73，降幅达 37%。税收优惠对企业加大减排治污力度起到

了积极作用①。环境保护税可通过激励与限制"双向用力"来助力生态环境保护。从限制的角度来看，通过环境保护税调节来抑制污染和减少排放。当企业排放污染物时，需要按照排放量支付相应的环境保护税，这增加了企业的税收成本。这种成本的压力会促使企业重新评估其生产行为，特别是那些高污染、高耗能的行为，从而抑制这些不利于环境的行为。从激励的角度来看，环境保护税为污染防治、绿色节能等行为提供了税收优惠政策。这意味着，如果企业采取了环保措施，如技术改造、产能升级等，以减少污染排放或提高能源效率，企业可以获得税收减免或优惠。这种政策减轻了企业的税费负担，为其绿色转型提供了经济上的支持，从而鼓励企业更加积极地寻求绿色发展。

## 专栏6-1 环境保护税推动经济高质量发展典型案例

环境保护税进一步助力四川经济高质量发展：四川省近5年累计减免环境保护税26.41亿元，在改善生态环境、推动绿色发展等方面发挥了积极效用。在税务、生态环境等多部门的共同努力下，环境治理与城市发展深度融合。以南充主城区为例，2022年的空气质量优良天数上升至345天，大气污染防治工作取得明显成效，发展的"含绿量"越来越高。位于达州的某能源有限责任公司在生产过程中，会排放二氧化硫、颗粒物、氮氧化物等污染物。在环境保护税的激励下，该企业通过技术革新，采用脱硫脱硝对焦化厂的主要排放口焦炉烟囱进行了治理，在2022年4月正式投运后，仅氮氧化物这一项就减少排放量约61.4%，缴纳的环境保护税也同比下降44.7%。

---

① 数据来源：国家税务总局，税收大数据显示我国生态环境保护成效显著[EB/OL].
https://baijiahao.baidu.com/s?id=17726539259517386338&wfr=spider&for=pc.

　　江苏省累计减免环境保护税57.32亿元：截至2023年8月，江苏税务部门全面落实环境保护税征收和优惠政策，累计征收环境保护税170.4亿元，为2.3万户企业减免环境保护税57.32亿元，"绿色税收"引导可持续发展道路越走越宽。以无锡胡埭污水处理有限公司为例，该公司投入技改，每天超2万多吨污水被净化为一股股清流，出水水质高于《城镇污水处理厂污染物排放标准》（GB 18918—2002）一级A标准，连续几年享受了超220万元的环境保护税减免。

　　天津市环境保护税的征收有效促进了生态环境的改善：自《中华人民共和国环境保护税法》实施5年以来，天津市税务系统与财政、生态环境等部门密切配合，探索"企业申报、税务征收、环保监测、信息共享、协作共治"征管模式，创新推出"8秒核算"等方法，保障环境保护税征管平稳运行，推动经济结构转型升级。5年来，全市共征收环境保护税16.52亿元，累计减免16.59亿元，纳税人户数增加2 300余户，绿色税制带来的生态效应逐渐显现。

## 6.2 资源税

　　资源税通过实行从价计征，建立税收与资源价格挂钩的直接调节机制，引导市场主体综合开发利用资源，促进资源的节约集约利用，加强生态环境保护。2023年全国资源税收入3 070亿元，比2022年下降9.4%。

　　延续实施支持绿色发展的税收优惠政策。2023年8月，财政部、税务总局联合印发《关于进一步支持小微企业和个体工商户发展有关税费政策的公告》（财政部　税务总局公告　2023年第12号），自2023年1月1日至2027年12月31日，对增值税小规模纳税人、小型微利企业和个体工商户减半征收资源税（不含水资源税），增值税小规模纳税人、小型微利企业和个体工商户已依法享受资源税、城市维护建设税、房产税、城镇土地使用税、印花税、耕地占用税、教育费附加、地方教育附加等其他优惠政策的，可叠加享受上述优惠政策。2023 年 8 月，财政部、税务总局发布《关于延续对充填开采置换出来的煤炭减征资源税优惠政策的公告》（财政部 税务总局公告 2023 年第 36 号），提出为鼓励煤炭资源集约开采利用，对充填开采置换出来的煤炭资源税减征 50%，政策执行至 2027 年年底。2023 年 9 月，财政部、税务总局发布《关于继续实施页岩气减征资源税优惠政策的公告》（财政部 税务总局公告 2023 年第 46 号），提出为促进页岩气开发利用，有效增加天然气供给，继续对页岩气资源税（按 6%的规定税率）减征 30%，政策执行至 2027 年年底。

各地积极推动水资源税改革试点政策。2023 年 4 月，宁夏回族自治区人民政府办公厅印发《宁夏回族自治区水资源税改革试点实施办法的通知》（宁政办规发〔2023〕3 号），进一步加强水资源管理和保护，促进水资源节约与合理开发利用，自 2023 年 10 月 1 日起施行，有效期至 2028 年 9 月 30 日。2023 年 5 月，国家税务总局四川省税务局联合四川省水利厅印发《关于水资源税征管问题的公告》（国家税务总局四川省税务局 四川省水利厅公告 2023 年第 2 号），明确水资源税信息采集、水量核定、纳税申报等方面的规定，以减轻纳税人负担，规范水资源税征收管理。

## 6.3 其他环境相关税收

### 6.3.1 增值税

我国不断强化增值税的生态保护功能，通过增值税即征即退和留抵退税等方式，引导资源综合利用发展，促进生态保护和环境治理，助推经济社会绿色健康可持续发展。

中国现行增值税制度基本成熟定型。2019 年 11 月，《中华人民共和国增值税法（征求意见稿）》向社会公开征求意见。2022 年 12 月，全国人大常委会首次审议了《中华人民共和国增值税法（草案）》。2023 年 8 月，全国人大常委会第二次审议《中华人民共和国增值税法（草案）》，表明增值税立法步伐明显加快。增值税完成立法将标志着我国增值税改革成果在国家法律层面上得以确定，税收法定原则在增值税改革进程中得到落实，我国税收法律体系将更加完备。

地方积极推动增值税优惠政策支持企业走绿色发展之路。2023 年 3 月，国家税务总局江苏省税务局公示《关于 2022 年度享受资源综合利用产品和劳务增值税优惠政策情况》。苏州市税务局联合生态环境部门积极探索将增值税发票等数据应用于生态环境治理，累计传递活性炭、挥发酚、切削液等涉污税收数据近 1 万条，精准定位排污企业 500 家，有效打击生态违法行为。新疆乌鲁木齐税务部门持续完善税费优惠政策直达快享机制，为企业主动提供精细服务，让技术创新成为企业发展的内生动力。新疆昆仑新水源河西水务有限责任公司作为污水处理及其再生利用企业，承担着乌鲁木齐高新区（新市区）城镇污水处理任务。大规模增值税留抵退税政策实施后，企业成功申请可退还因企业厂房和污水设备更新产生的增值税留抵税款。桐庐县税务局大力支持企业走绿色发展之路，积极宣传落实资源综合利用即征即退、污水处理劳务免征增值税等政策，鼓励县域内企业积极开展污水处理、资源综合利用等项目。2023 年 1—7 月，桐庐县共有 20 家相关企业享受 7 000 余万元的税费减免，在推动企业发展的同时，也让山更青、水更绿、环境更优美。

### 6.3.2　企业所得税

我国针对环境保护和节能节水项目、清洁发展机制项目、资源综合利用企业和污染防治第三方企业，通过实行优惠税率、减免税额和研发费用加计扣除等税收政策降低企业税负，减少成本，使更多利润留在企业内部，从而有效促进企业加大研发费用投入，增强企业的绿色创新活力，推动企业绿色转型发展。2023 年全国企业所得税收入 41 098 亿元，比上年下降 5.9%。

延长污染防治第三方治理企业税收优惠政策。2023 年 8 月，财政部、税务总局、国家发展改革委和生态环境部联合发布《关于从事污染防治的第三方企业所得税政策问题的公告》，继续延长第三方治理企业所得税减税的优惠政策至 2027 年 12 月 31 日止。继续执行污染防治第三方治理企业的税收优惠政策，有利于降低污染防治第三方治理企业的成本和税收负担，提高污染治理的规范化、专业化、高效化，更好地提升环境质量，实现节能减排。

加大支持科技创新税前扣除力度。2023 年 3 月，财政部和税务总局联合发布《关于进一步完善研发费用税前加计扣除政策的公告》（财政部　税务总局公告　2023 年第 7 号），规定企业开展研发活动中实际发生的研发费用，未形成无形资产计入当期损益的，在按规定据实扣除的基础上，自 2023 年 1 月 1 日起，再按照实际发生额的 100%在税前加计扣除；形成无形资产的，自 2023 年 1 月 1 日起，按照无形资产成本的 200%在税前摊销。

### 6.3.3　消费税

扩大成品油消费税征收范围。2023 年 6 月，财政部和税务总局发

布《关于部分成品油消费税政策执行口径的公告》（财政部 税务总局公告 2023年第11号），调整部分成品油消费税的执行口径，规定对烷基化油（异辛烷）按照汽油征收消费税；对石油醚、粗白油、轻质白油、部分工业白油按照溶剂油征收消费税；对混合芳烃、重芳烃、混合碳八、稳定轻烃、轻油、轻质煤焦油按照石脑油征收消费税；对航天煤油参照航空煤油暂缓征收消费税。

资源综合利用消费税优惠政策成效渐显。2023年9月，财政部和税务总局发布《关于继续对废矿物油再生油品免征消费税的公告》（财政部 税务总局公告 2023年第69号），继续延长对以回收的废矿物油为原料生产的润滑油基础油、汽油、柴油等工业油料免征消费税的优惠政策，至2027年12月31日止。随着各项废油利用的相关经济、财税、环境等政策的实施，我国废油再生行业迎来新的发展机遇，目前废油回收利用情况逐渐向好。

## 6.3.4 车辆购置税

车辆购置税能有效调控轿车保有量以及对环境保护的支持，是国家交通基础设施建造的首要资金来源。根据财政部公布的2023年财政收支情况，全国车辆购置税2 681亿元，比2022年增长11.8%。

车辆购置税免征政策延长助力乘用车环保升级。2023年12月，国家税务总局、工业和信息化部发布了《免征车辆购置税的设有固定装置的非运输专用作业车辆目录》（第十三批）（国家税务总局 工业和信息化部公告 2023年第19号）。2023年9月，财政部、税务总局、工业和信息化部发布了《关于继续对挂车减征车辆购置税的公告》（财政部 税务总局 工业和信息化部公告 2023年第47号），该公告更新了免征、减征车辆购置税的相关车辆。

减半征收车辆购置税支持汽车产业发展。财政部、税务总局、工信部于 2023 年 6 月发布了《关于延续和优化新能源汽车车辆购置税减免政策》（财政部　税务总局　工业和信息化部公告　2023 年第 10 号），对于新能源汽车的车辆购置税减免政策问题作出调整。其中，对购置日期在 2024 年 1 月 1 日至 2025 年 12 月 31 日的新能源汽车免征车辆购置税，对购置日期在 2026 年 1 月 1 日至 2027 年 12 月 31 日的新能源汽车减半征收车辆购置税。

各地积极实施车辆购置税减免政策。新能源汽车购置税减免政策实施近 10 年，为培育新能源汽车市场发挥了重要作用，叠加国家补贴和地方补贴政策带动了新能源汽车以续航能力为标志的品质提升，进一步促进了新能源汽车技术创新和销量提升。2023 年 11 月，广东省人民政府办公厅发布《广东省进一步提振和扩大消费的若干措施》（粤办函〔2023〕305 号），其中提到扩大新能源汽车消费，积极开展 2023 年新能源汽车下乡活动，落实新能源汽车车辆购置税减免优惠政策，鼓励有条件的地区对消费者购置新能源汽车给予补贴。四川新能源汽车销售 2023 年保持高速增长势态，成为车市经济增长重要推动力。四川税务部门提供的数据显示，2023 年四川省办理免征车辆购置税的新能源汽车达 35.72 万辆，免征车辆购置税 64.97 亿元。山东省 2023 年对新能源汽车减免车辆购置税、车船税 77.53 亿元，促进汽车行业降碳减排，推动经济社会发展绿色转型。

## 6.4　小结

### 6.4.1　存在的问题

环境保护税税额设置仍需优化。目前我国的环境保护税制度对固体废物和噪声污染实行全国统一的定额税制，对大气和水污染物实行浮动定额税制，各省份可以在幅度范围内自行选定定额税的金额。但目前有些省份的应税污染物税额限值还是排污费时期的最低标准，对于环境污染的抑制作用不明显。唐明等以最优税率视角对环境保护税的税额设置进行测算，结果显示，13 个低水平税额的省份，大气污染物的税额只达到最优税率 10 年均值的 7%～9%；中间水平的 12 个省份达到最优税率 10 年均值的 26%～103%；高水平省份的大气污染物征收标准比较接近测算的最优税率。因此，当前的税额设置标准不足以倒逼企业实行减排，污染的负外部性无法真正内化，通过征税促进企业产业结构优化的效果不佳。

资源税体系仍然存在较大的提升空间。一是水资源税试点进展趋缓。目前，我国已有 10 个省（市）作为试点征收水资源税，这些试点地区都是在《中华人民共和国资源税法》实施之前开始探索的，并且已经取得了积极的效果。然而，自《中华人民共和国资源税法》正式实施以来，水资源税试点的范围并未按照预期进行扩大或全面推行。此外，尽管初衷是希望将水资源税纳入《中华人民共和国资源税法》进行统一调控，但这一目标并未实现。特别值得注意的是，一些水资源相对匮乏的省份目前仍沿用传统的水资源费征收方式，这种做法不利于水资源的集约利用和有效管理。二是能源矿产资源税税率设计偏低。当前，中国化石能源中，原油和天然气适用的资源税税率为 6%，煤适用的是 2%～10%的浮动税率。在我国多数地区，煤资源税实际税率低于 10%，甚至低于原油、天然气的适用税率 6%。现阶段，我国总发电量中约有 67%来自以燃煤为主的火电，煤适用的资源税税率偏低导致其消费并不会受到资源税的直接影响。因此，现行资源税政策难以有效激励能源清洁低碳高效利用的实现。三是征税范围没有涵盖主要自然资源。现行资源税仍是以部分自然资源为征税对象，即除对矿产资源普遍征税外，目前仅在 10 个省（市）试点征收水资源征税。实践中还没有地区开始对森林、草场、滩涂征收资源税，客观上形成了对森林、山岭、草原、滩涂等重要资源在税收调节上的空白。

"多税共治"的税收体系仍需健全。一是增值税绿色化程度不足。现有的增值税税收优惠政策在鼓励能源清洁、低碳和高效利用方面的作用有限。且增值税的即征即退政策在能源产业链上的分布不均衡，缺乏支持能源消纳和储能技术研发的税收优惠政策。二是企业所得税优惠政策有待完善。促进低碳发展的企业所得税优惠政策覆盖范围不足。企业所得税激励力度较小，不利于激励企业增加环保技术投入、实现低碳转型发展。税收优惠政策存在不确定的政策因素，部分企业所得税优惠政策的实施细节问题尚未明晰，优惠政策的执行在各地区间存在差异，降低了税收优惠政策的实际激励效果。三是消费税绿色调节功能有限。消费税征税范围广度不够，对污染产品的调控作用不足。消费税纳税环节靠前，导致税收凸显性弱，难以发挥消费税应有的环境保护和资源节约作用。四是交通环境税引导绿色经济发展有待优化。对于新能源车辆税收优惠主要局限于免征或减征车船税以及在短期内免征车辆购置税。对于电动车、自行车以及共享单车等绿色交通方式，现有的税收优惠主要限于其经营者可以享受的小微企业税收优惠。

## 6.4.2 发展方向

进一步协同现行绿色税收政策。首先，积极发挥绿色税制体系的调控作用，通过实施绿色低碳税收优惠，促进绿色税收共治，提供纳税服务以助力绿色发展，并利用税收大数据反映绿色效应，从而推动经济社会的绿色低碳转型。其次，定期梳理现行税收政策中与环境保护相关的内容，审视现有税收政策是否存在与环境保护目标相矛盾的地方，并及时进行调整，以确保税收政策与环境保护目标相一致。

合理提高环境保护税的税额标准。一是分阶段逐步提高税额最低标准。将环境保护税税额最低限设置为高于企业治污减排的边际成本，鼓励地区根据本地污染物类型、环境质量变化、经济社会情况适时调整税额标准，实现社会成本最低化和环境资源的最优配置。二是建立环境保护税税率动态调整机制。充分利用现有的企业生产经营运行监测平台与环境质量监测系统，结合中国的经济发展和环境保护需求，计算并动态调整环境保护税的最优税率。

持续优化改进资源税制度。一是加快推进水资源税的全面开征。进一步总结水资源税试点经验做法，进一步扩大水资源税试点范围，推进水资源全面节约和循环利用。二是适时扩大资源税征税范围。为了提高资源使用效率，尽快将水、森林等并入资源税征收范围，为了加强水土涵养和林草资源保护，逐步将海洋、草地、滩涂等自然资源纳入资源税征收范围。三是调整资源税税率。根据现有自然资源的稀缺程度和再生能力对现有资源税税率进行调整，适时引入阶梯税率机制。

加大辅助税种的引导力度。一是提高增值税绿色化程度。逐步扩大增值税即征即退税收优惠政策的覆盖范围。增值税即征即退优惠政策的适用范围应当扩展到所有清洁能源发电领域，加大对能源消纳和储能技术研发的增值税税收优惠力度，确保优惠政策在能源产业全产业链上的均衡分布。二是进一步完善企业所得税优惠政策。适度提高环境保护和低碳发展的税收抵免优惠强度，着力完善促进环保产业、可再生能源等绿色低碳领域发展的企业所得税优惠政策。逐步将绿色低碳领域的投资纳入税收抵免优惠政策范围内。三是优化消费税收入分配调节的途径。适当将部分高污染的产品纳入消费税的征收范围。

将纳税环节由生产环节后移至消费环节，以价税分列方式进行表现，使消费者明显感知税收，通过减少污染产品的消费来保护环境。四是利用交通环境税引导绿色出行。对于新能源车辆及其配套设施，长期实施减免税政策。此外，倡导低碳出行、减少交通污染，并鼓励地方政府对低碳出行工具提供财政补贴或对低碳出行行为给予奖励，以进一步推动环保和可持续发展。

# 7

# 绿色金融政策

中央金融工作会议要求做好绿色金融大文章，2023 年，我国绿色金融政策体系不断完善，绿色金融标准体系持续健全，绿色金融产品和服务体系不断丰富，绿色金融改革创新稳步推进，有力支持了绿色低碳发展，为全面推进美丽中国建设提供了一定资金保障。

## 7.1 绿色金融宏观支持政策取得突破进展

围绕深入打好污染防治攻坚战、全面推进美丽中国建设等重大战略决策，我国绿色金融政策在鼓励或引导金融资源投向绿色低碳领域过程中发挥了重要作用。

党中央、国务院高度重视绿色金融在推动绿色低碳发展过程中的作用。党的二十大报告强调，中国式现代化是人与自然和谐共生的现代化，推动经济社会发展绿色化、低碳化是实现高质量发展的关键环节。2023 年 7 月，全国生态环境保护大会提出，要完善绿色低碳发展经济政策，强化财政支持、税收政策支持、金融支持、价格政策支持。同月，中共中央、国务院印发的《关于促进民营经济发展壮大的意见》

强调支持民营企业参与推进碳达峰碳中和，提供减碳技术和服务，加大可再生能源发电和储能等领域投资力度，参与碳排放权、用能权交易。10月，在中央金融委员会、中央金融工作委员会组建的基础上，"全国金融工作会议"更名为"中央金融工作会议"，并在会上明确提出要做好"绿色金融"等五篇大文章，要优化资金供给结构，把更多金融资源用于促进科技创新、先进制造、绿色发展和中小微企业。12月，中央经济工作会议指出，加强财政、货币、就业、产业、区域、科技、环保等政策协调配合。

国家部委在相关政策制定中持续强化绿色金融重要举措。2023年1月，中国人民银行印发通知，延续实施碳减排支持工具等3项结构性货币政策工具，引导金融机构加大对绿色发展等领域的支持力度。其中，碳减排支持工具延续实施至2024年年末，支持煤炭清洁高效利用专项再贷款延续实施至2023年年末。2023年，投向具有直接和间接碳减排效益项目的贷款分别为10.43万亿元和9.81万亿元，合计占绿色贷款的67.3%。2月，中国人民银行会同银保监会、证监会、外汇局、广东省人民政府联合印发《关于金融支持横琴粤澳深度合作区建设的意见》和《关于金融支持前海深港现代服务业合作区全面深化改革开放的意见》。两份意见各提出支持绿色金融发展等30条金融改革创新举措，涵盖完善合作区绿色金融服务体系、推动绿色金融标准与港澳互认、强化对合作区金融机构的绿色金融业绩评价等方面内容。同月，银保监会印发《银行业保险业贯彻落实〈国务院关于支持山东深化新旧动能转换推动绿色低碳高质量发展的意见〉实施意见的通知》，提出积极促进银行业保险业自身高质量发展与山东建设绿色低碳高质量发展先行区的有机契合。12月，证监会、国务院国资委联合发布《关于支持中央企业发行绿色债券的通知》，支持中央企业发行绿色债券融资，协同推进降碳、减污、扩绿、增长，带动支持民营经济绿色低碳发展，促进经济社会全面绿色转型。

国家绿色金融政策标准框架体系持续完善。一是持续健全绿色金融标准体系。2023年3月，国家发展改革委在《绿色产业指导目录（2019年版）》基础上更新修订并发布《绿色产业指导目录（2023年版）》（征求意见稿），以更好适应绿色发展新形势、新任务、新要求。9月，中国保险行业协会发布的《绿色保险分类指引（2023年版）》是全球首个全面覆盖绿色保险产品、保险资金绿色投资、保险公司绿色运营的行业自律规范。二是进一步规范发行上市和评估认证市场。2023年3月，上海证券交易所发布《上海证券交易所公司债券发行上市审核规则适用指引第2号——特定品种公司债券（2023年修订）》。此次修订主要参照《中国绿色债券原则》，更新绿色公司债券申报及存续期管理要求，并规定募集资金应当全部用于符合规定条件的绿色项目。该修订还提出，绿色债券评估认证机构的资质、评估意见或者认证报告内容应当符合《绿色债券评估认证行为指引（暂行）》的规定。三是进一步推进环境信息披露。2023年12月，中国保险行业协会发布《保险机构环境、社会和治理信息披露指南》，形成国内首个聚焦保险行业的"环境、社会和公司治理"（ESG）信息披露框架和内容行业自律性文件。四是关注民营经济绿色融资渠道。2023年8月，中国银行间市场交易商协会印发《关于进一步加大债务融资工具支持力度　促进民营经济健康发展的通知》，强调支持民营企业发行中长期绿色债务融资工具、碳中和债，引导募集资金向绿色低碳领域配置；同时支持民营企业注册发行可持续发展挂钩债券（SLB）、转型债券，进一步满足高碳行业转型资金需求。

## 7.2 绿色金融产品稳步壮大

绿色信贷规模保持高速增长。碳达峰碳中和目标提出后，我国绿色产业在经济体中所占比重持续上升，与之匹配贷款需求在银行信贷需求结构中随之上升。截至 2023 年年末，我国绿色贷款余额已达 30.08 万亿元，同比增长 36.5%（图 7-1），高于各项贷款增速 26.4 个百分点，绿色贷款占全部贷款比例由 2021 年 3 月的 7.2% 升至 2023 年年末的 12.66%，特别是 2018 年年末—2023 年年末，绿色贷款总体呈现出量质齐升的良好发展态势。随着绿色贷款规模不断扩大，绿色信贷规模增速有所放缓，2022 年 9 月达到最高增速 41.4% 后回落至年末 38.5%，并在 2023 年年末维持 36.5% 左右的稳定增速，预计绿色贷款增速在放缓趋势下维持较高水平，中长期内仍高于平均贷款增速。根据中国人民银行发布的金融机构贷款投向统计报告，2023 年绿色贷款高速增长，投向具有直接和间接碳减排效益项目的贷款分别为 10.43 万亿元和 9.81 万亿元，合计占绿色贷款的 67.3%。从用途来看，2023 年年末，基础设施绿色升级产业、清洁能源产业和节能环保产业贷款余额分别为 13.09 万亿元、7.87 万亿元和 4.21 万亿元，同比分别增长 33.2%、38.5% 和 36.5%。从行业来看，2023 年年末，电力、热力、燃气及水的生产和供应业绿色贷款余额为 7.32 万亿元，同比增长 30.3%；交通运输、仓储和邮政业绿色贷款余额为 5.31 万亿元，同比增长 15.9%。截至 2023 年年末，21 家主要银行绿色信贷余额达到 27.2 万亿元，同比增长 31.7%。

图 7-1　我国本外币绿色贷款余额及增速（2018—2023 年）

数据来源：中国人民银行官方网站。

绿色债券市场保持快速增长。随着绿色发展理念持续深入和市场需求不断增加，我国绿色债券规模持续提升。根据中国人民银行数据，截至 2023 年第三季度末，我国绿色债券余额 1.98 万亿元，居全球第二位。从 2018 年年末至 2023 年第三季度末来看，我国绿色债券余额经历了较大提升，2018 年年末、2019 年年末、2020 年年末分别为 0.6 万亿元、0.98 万亿元、0.81 万亿元，分别升至 2021 年年末的 1.1 万亿元、2022 年年末的 1.4 万亿元以及 2023 年第三季度的 1.98 万亿元（图 7-2），连续 3 年存量规模超万亿元。Wind 最新数据显示，2023 年我国共发行 802 只共计 11 180.5 亿元的绿色债券，已连续两年发行规模超万亿元。根据证监会数据，自 2016 年启动绿色债券试点以来，截至 2023 年年末，交易所市场累计发行绿色债券超过 7 000 亿元，募集资金投向资源节约与循环利用、污染防治、清洁能源、生态保护等领域。绿色债券快速发展离不开央企支持，央企向来是绿色债券发行的主力军。12 月，中国证监会和国务院国资委联合发布《关于支持中央企业发行绿色债券的通知》，提出 4 个方面共 13 项举措，包括支持央企发行绿色债券，对优质央企发行绿色债券优化审核安排，鼓励市场投资机构以绿色指数为基础开发公募基金等绿色金融产品，支持央企开展绿色领域基础设施 REITs 试点等，为绿色债券市场稳步发展提供助力。

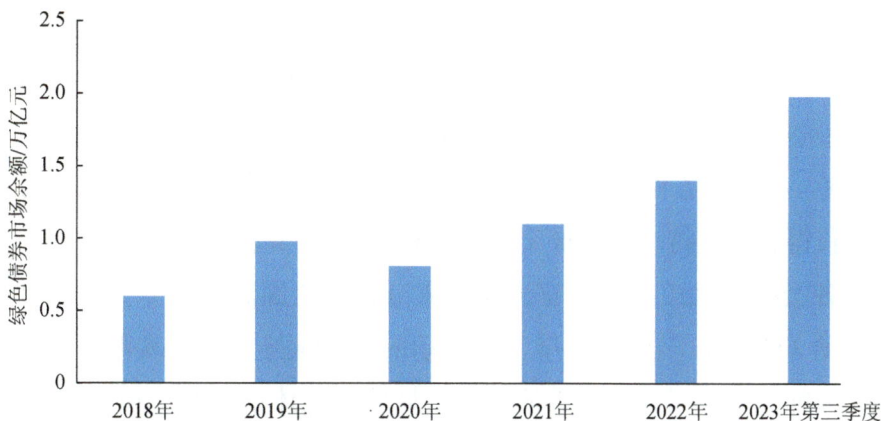

**图 7-2 我国绿色债券市场余额（2018 年至 2023 年第三季度）**

数据来源：中国人民银行官方网站。

绿色保险持续深入推进。保险业全方位助推经济社会绿色转型发展力度不断加大。2023 年 9 月，中国保险行业协会发布《绿色保险分类指引（2023 年版）》，为规范绿色保险、支持绿色发展提供了保障。该指引明确绿色保险产品、保险资金绿色投资和保险公司绿色运营的定义、分类和工作建议；并从绿色保险产品与客户需求相适配的角度出发，共梳理形成 10 类服务领域（场景），以 16 类保险产品类别与之相对应，涉及 69 种细分保险产品类别，并列举了 150 余款保险产品。根据国家金融监管总局数据，2023 年，绿色保险业务保费收入达到 2 297 亿元，赔款支出 1 214.6 亿元。

## 7.3 气候金融政策力度持续加大

初步建立地方气候投融资项目库。项目库是整个气候投融资体系中最重要的工具，各个试点都会通过选拔项目入库来为投资方提供选项。落实 2022 年生态环境部发布的《气候投融资试点地方气候投融资项目入库参考标准》政策文件要求，全国相关省级生态环境部门于 2023 年 10 月底前组织试点地方完成首批气候投融资项目入库，初步建成地方气候投融资项目库，为气候投融资项目落地提供重要抓手。截至 2023 年 6 月底，试点地方储备近 2 000 个气候友好型项目，涉及资金近 2 万亿元；获得金融支持项目 108 个，授信总额 545.63 亿元。

各类碳金融政策举措有力支持碳减排。全国温室气体自愿减排交易市场（CCER）与 2021 年 7 月启动的全国碳排放权交易市场两个市场互为补充，共同组成我国的国家碳排放交易体系。2023 年 10 月，生态环境部、市场监管总局发布《温室气体自愿减排交易管理办法（试行）》。随后，生态环境部公布造林碳汇、并网光热发电、并网海上风力发电和红树林营造等第一批四类 CCER 项目方法学，为全国 CCER 启动奠定政策基础和提供制度保障。国家应对气候变化战略研究和国际合作中心、北京绿色交易所作为全国 CCER 注册登记机构和交易机构，持续完善注册登记系统和交易系统，陆续发布《温室气体自愿减排注册登记规则（试行）》《温室气体自愿减排项目设计与实施指南》《温室气体自愿减排交易和结算规则（试行）》等 CCER 注册登记和交易结算细则。国家市场监管总局公布《温室气体自愿减排项目审定与减排量核查实施规则》，为全国 CCER 启动做好相应准备。CCER 的重启有利于推动形成强制碳市场和自愿碳市场互补衔接，促进建立互联互通的全国碳市场体系。

碳金融产品业务实践不断发展。我国作为全球最大碳排放资源国，供应全球市场大约 1/3 的减碳排量。我国碳金融业务已推出碳基金、碳债券、碳配额抵押贷款、碳配额回购融资等业务，未来仍具有广阔的发展潜力和上升空间。例如，2023 年 2 月，中金公司、中信建投证券、东方证券、申万宏源证券、华泰证券、华宝证券收到证监会碳市场准入无异议函，加之 2014 年、2015 年先后获准的中信证券和国泰君安证券，有 8 家券商可参与碳排放权交易，有助于进一步加强碳金融产品的开发和服务。8 月，上海农商银行成功落地 CCER 质押授信业务，助力企业拓宽融资渠道，将企业授信总额提高约 60%，贷款利率下降 20 个基点。11 月，CCER 重启后，兴业银行落地全国首批 CCER 项目开发挂钩贷款，用于鼓励和支持企业开发 CCER 项目。

## 7.4  地方持续推动绿色金融创新实践

重庆推出排污权抵（质）押融资业务。重庆金融机构把排污权作为一种融资工具，通过抵（质）押贷款方式支持企业缓解融资难题。重庆相关部门出台了《重庆市排污权抵押贷款管理暂行办法》，探索建立排污权金融信贷机制，并推动兴业银行重庆分行发放全市首笔 2.35 亿元的排污权抵押贷款。2023 年 1 月，人民银行重庆营业管理部联合市级相关部门，进一步出台《重庆市排污权抵（质）押融资业务指南（试行）》，明确排污权抵（质）押融资的适用领域、申请条件和办理流程等事项，形成排污权抵（质）押融资业务标准。重庆排污权抵（质）押融资业务设立的项下品种有多个，包括流动资金贷款、固定资产贷款、各类贸易融资、票据和保函等。市场主体获得融资资金后，主要用于节能环保、清洁能源、减污降碳等绿色项目和工业环保领域。市场主体申请排污权抵（质）押融资也须具备相应条件，包括持有有偿获得的排污权；所属行业、产业或项目符合国家产业、环保等政策；无重大不良信用记录，环境信用评价等级为良好及以上等。在具体操作流程，市场主体提出融资申请后，银行业金融机构要对其排污权价值进行评估，并据此确定融资额度。之后市场主体还需在排污权注册登记机构办理抵（质）押信息登记，并通过人民银行征信中心动产融资统一登记公示系统办理排污权抵（质）押登记。重庆推出排污权抵（质）押融资业务，帮助企业将排污权"变现"，解决融资难题，助力企业加快推进绿色低碳转型，是一项兼具环境效益、经济效益的创新举措。

辽宁成立碳排放权抵质押服务中心。辽宁成立并启动环境权益抵质押登记业务的专业机构——碳排放权抵质押服务中心，是将发展绿色金融作为金融支持东北等老工业基地振兴和绿色低碳高质量发展的有力抓手。2023 年，辽宁省绿色金融工作领导小组先后出台《完善绿色金融体系　助推辽宁绿色低碳发展的实施意见》《关于支持开展碳排放权抵质押贷款业务的意见》等文件。文件涉及的碳排放权是政府主管部门分配给重点排放单位在规定时期内的碳排放额度。符合条件的企业，可以将碳排放权作为质押物向银行申请融资贷款。企业以此方式获得的贷款，将优先用于绿色环保领域。辽宁省碳排放权抵质押服务中心由沈阳盛京金控投资集团所属沈阳环境资源交易所开发建设并负责日常运营，开展碳排放权抵（质）押见证服务。该中心可以帮助有条件的企业将国家核发的碳排放权配额作为质押物获得贷款资金，既帮助企业盘活碳配额资产，解决重点排放企业长期以来的融资难、融资贵问题，也降低了企业市场化减排成本。服务中心成立之前，沈阳环境资源交易所就先行先试，推动完成了辽宁省首笔碳排放权质押贷款落地。该项目中，鞍山市的一家热电企业将碳排放权作为质押，获得短期线上流贷融资。截至 2023 年 12 月，服务中心已办理 33 万 t 碳排放权抵质押登记，贷款金额

3 825 万元。随着 CCER 交易市场重启契机，服务中心也在探索开展碳排放权抵（质）押登记、抵（质）押信息公示、碳排放权价值评估、碳排放权协助处置等业务，以满足企业、银行业对于建立碳排放权抵（质）押贷款业务规范等需求。

浙江搭建普惠金融绿色化应用场景。中国人民银行台州市分行围绕普惠金融"绿色化"面临流动性贷款认定难、小微主体绿色评定难、绿色信息共享难等问题，搭建绿色普惠金融应用场景"微绿达"，以"认绿、评绿、享绿"为着力点，以从模具制造等样本行业解剖推广至全行业为路径，助力普惠金融绿色化。在认绿环节，以"关键词"匹配为核心，实现普惠绿色流动贷款认定。依托台州市数智金融服务平台，与专业第三方机构合作搭建绿色信贷识别系统，提供流动贷款绿色免费识别认定。选定重点行业，对流动贷款场景进行"麻雀解剖"式梳理。建立"绿色生产资料库"，为金融机构认绿提供参考。通过建立和完善关键词库，实现依据贷款行业、用途描述对绿色流动贷款进行智能匹配的认定。在评绿环节，"微绿达"以排黑和评先为思路开展小微主体绿色评价。注重结合小微企业绿色低碳转型的长期需求，纳入实质性贡献、无重大损害及最低保障措施等绿色小微企业三大基本要求。充分考虑认定流程的便捷性、可落地性及可靠性，引入并优化国际主流 ESG 评价标准，对线上数据做"加法"，对线下尽调做"减法"，提升模型的可落地性。在享绿环节，"微绿达"推动数据和功能共享，缓解信息不对称问题。截至 2023 年 11 月，"微绿达"依托台州市数智金融服务平台归集了全市 30 余个部门 118 类 4 000 多细项、超过 4.23 亿条信息的优势，运用隐私计算、模型共建等手段，从公共部门、金融机构和企业等归集数据，实现普惠绿色信息数据的共集、共采、共享。该平台功能还与县（市、区）、金融机构相关考核关联，从信保基金、财政补贴、再贷款再贴现

倾斜、科技资金的跟进等方面积极推进政策扶持。截至 2023 年 11 月，"微绿达"累计识别绿色流动资金贷款超过 2.2 万笔，涉及金额超过 1 000 亿元，识别准确率超过 90%，实现台州全市普惠绿色贷款占比翻番，完成绿色主体评价 6 700 多家，开展碳核算 7 200 多家。

广东开展公园城市景观林保险探索。广东省白云山是南粤名山之一，作为自然保护区，拥有丰富的自然资源和文化遗产，具有生态价值、文化价值和经营价值，管护成本比较高，但常规的意外事故和意外火灾的风险相对较小。白云山风景名胜区占地面积达 3 万多亩，但既不属于公益林也不属于商品林，长期以来未纳入政策性森林保险的保障范围，风险保障需求未得到满足。故保险公司为白云山风景名胜区量身定制了公园城市景观林保险。该模式改变了原来保障森林树木本身的做法，转变为保障经营主体应对林业资源自然风险和转嫁风险的能力，结合公园城市景观林保险的创新和政策性保险共同打造生态屏障。传统的保险风险保障是按照造林成本来计算，而公园城市景观林保险创新考虑景区的旅游价值、历史价值、文化价值等方面进行保险保障，考虑到白云山风险预防以气象灾害和林业有害生物造成的损害为主，降低了保险费率，减少政府投保负担。公园城市景观林保险在将整个景区全面纳入保险保障范围的同时，全面涵盖各类意外风险和自然灾害风险，为 13 棵林木古树，120 多棵林木古树后备资源，3 万多亩的景区林木提供了超过 1 000 万元的风险保障。在充分了解白云山风景名胜区主要营地现状、保护现状和森林面积，明确以往景观林总体广度，核算经费投入成本，明晰往年常见的自然灾害具体风险需求，以此制订具体保险计划，为生物多样性保护提供有力风险保障。

## 7.5 小结

### 7.5.1 存在的问题

绿色金融标准仍有待完善。我国绿色金融较之其他成熟市场经济体起步晚、发展快，亟须建立健全各类绿色金融标准。中国人民银行发布的《绿色债券信用评级指引》等标准在短期内尚未形成全球影响力，同时标准发展中面临自身规范性、体系性及前瞻性问题。另外，金融支持企业或行业的减污降碳水平测算以及测算方法研究有待进一步深化，为明确金融支持企业或行业"含绿量"水平以及识别重大绿色技术创新提供数据支撑与基础保障，为金融机构出台创新产品提供依据。

绿色金融相关环境信息披露机制有待深化。金融机构和企业的环境信息披露水平仍有不少提升空间。绿色项目资金使用信息披露规则缺乏明确的定量指标、考核标准及计算方法，导致绿色债券资金流向、项目进度、资金使用等相关情况披露存在不符合监管要求的情况。现实中企业"多言寡行"，在无背景关联、价值较低以及市场环境更差的企业中更明显。环境信息披露不足使企业"漂绿""染绿"行为频发，部分地方政府"口头环保""虚假环保"导致部分金融资源错配。目前，监管部门尚未对大部分企业要求强制披露碳排放和碳足迹信息，对金融机构和上市企业环境信息披露要求仍以鼓励为主。金融业环境信息披露存在信息披露方式、披露内容、环境效益核算依据不统一，披露内容缺乏可比性，公众获取信息难度大等问题。协同监管机制发挥作用不充分，部分监管部门之间有"搭便车"或者沟通不畅等现象，存在监管漏洞和盲区。金融机构需要环境信息披露、生态环保项目库、环境影响评价、碳排放数据、碳排放强度等环保相关数据；生态环境部门需要金融机构掌握与环境产业相关企业投融资以及资金情况；金融管理部门掌握金融机构应对气候变化投融资情况；工业和信息化、发展改革部门掌握企业产能、用能、技术节能改造等情况。然而各部门数据方面仍欠缺统一协调、共享机制。

绿色金融产品与服务供给仍待丰富。金融机构大多存在被市场诘责"逐利避险""嫌贫爱富"顺周期问题。目前，绿色金融产品主要集中在绿色信贷与绿色债券上，绿色保险、绿色证券和其他产品供给还不能满足市场投资需求。绿色金融盈利模式创新不足，外部激励机制功能尚未有效发挥。金融机构对市场需求挖掘有限、规模经济不明显，实现可持续营利存在难度。部分产品市场创新存在空白，导致盈利模式单一、能力偏弱，相关金融机构拓展绿色金融业务积极性不高。绿色金融产品的覆盖领域与受众主体较为单一，绿色金融产品的开发对消费端相对重视不足。需要加大创新营利模式，拓展市场空间，挖掘绿色金融潜能。未来还应围绕减排路径安排，逐步扩大碳排放权市场的履约主体范围，在时机成熟时，有序引导金融机构参与碳排放权市场的投资与服务，供给与之较适应的产品与服务，充分地发挥碳排放权市场在引导减排方面潜力。

绿色金融与科技、普惠、养老和数字等金融间融合应用有待开拓。2023 年 10 月，中央金融工作会议提出要"做好科技金融、绿色金融、普惠金融、养老金融、数字金融五篇大文章"。12 月，中央经济工作会议提出"发展新质生产力"。这些最新形势与要求为绿色金融发展带来契机，需要开拓更多应用场景。例如，环保科学技术研究以及成果应用需要市场化金融资金有效投入；普惠型小微企业需要资金从事符合绿色低碳标准的环保产业和环保产品经营；需要与之适应的金融资源投向养老服务机构区域生态环境；需要形成绿色信贷、私募股权投资与风险投资、绿色债券、绿色保险等不同类型金融资源引导与支持大数据、人工智能、云计算等数字技术在环保产业与技术领域应用。以发展新质生产力为重要突破，金融支持关键绿色低碳技术，数字经济支持绿色低碳产业发展，支持国家环保重大科技项目以及相关应用基础研究和前沿研究等，也需要更多金融资源投入该领域。另外，要加快金融科技在运营管理、信息评估等重点领域渗透，利用大数据、云计算技术提升信息搜集及获取能力，减少审批环节、监督信息不对称，引导金融资源与绿色项目精准匹配等。

## 7.5.2 发展方向

我国绿色金融发展路径可从加强绿色金融标准政策协调、深化绿色金融环境信息披露、丰富绿色金融产品与服务供给、强化绿色金融与科技金融等其他类型金融融合应用等重点突破。

持续完善绿色金融政策标准体系。有关部门加强与国家绿色金融标准小组工作协调，加大对绿色金融标准研发，共同完善有关绿色金融标准框架以及标准体系系统性，整合现有的绿色债券标准以及绿色信贷标准，引入权威通用的定义标准。进一步推动实现中国人民银行、国家金融监管总局、证监会、国家发展改革委等部门出台的涉及绿色产业、绿色信贷、绿色债券等的绿色标准之间融合与协调。加快制定绿色转型标准，推进研究制定项目与企业两个层面转型标准，将绿色转型项目纳入绿色项目库管理，不限定资金用途支持企业整体转型。目前优先覆盖建筑、钢铁、电力、纺织、造纸、交通等重点高碳行业转型，及时发布并动态调整。

不断健全绿色金融有关环境信息披露机制。进一步明确绿色金融各主体信息披露主要内容，如生态环境管理部门可重点披露环境治理信息，企业可重点披露生产能耗信息，金融机构可重点披露绿色投资环境效益信息等，最终形成涵盖环境污染、资源能耗、碳排放、行政处罚等有关环境信息披露体系。进一步健全信息披露质量评价，推动建立独立第三方机构评价认证披露主体信息披露质量机制，明确环境评估、环境效益分析等指标和方法，构建绿色项目全生命周期环境效益信息披露质量评价体系，提升信息披露的真实性、科学性和价值。引导金融机构、上市公司和发债主体，要求针对资金用途、环境效益、转型方案等重点内容，通过公司年报、框架性文件、ESG 报告等及时发布。逐步形成统一绿色金融披露指标标准，构建有广泛共识的量化信息披露标准，搭建绿色金融信息平台，完善信息合作共享机制，确保公开信息权威性与系统性。

进一步丰富绿色金融产品与服务供给。提升服务能力，稳妥开展产品创新，提升研究、协同、营销以及风控能力，积极聚焦减污降碳重点行业与区域、大中型优质企业及其关联客户，健全适合绿色金融的风险评估和监控机制，结合不同产业特征完善相应绿色金融产品与服务。持续开发支持减污降碳协同增效、碳市场和排污权交易市场等关联金融产品，推动气候投融资试点示范工作，不断稳妥推进 EOD 项目实施可融资性和落地性，推动各类机构广泛参与绿色金融市场，持续发展排污权抵（质）押贷款、排污权租赁，发展环境权益回购、保理、托管。积极鼓励金融机构发挥信贷、债券、基金等投融资工具作用，大力发展绿色保险风险保障作用，引导和撬动金融资源向绿色低碳转型等行业或产业倾斜。鼓励开发减污降碳理财产品和服务，引导投资者积极参与"双碳"工作，同步实现推动投资者获取合理的投资回报，实现绿色降碳与收入提升双重红利。

开拓绿色金融与科技、普惠、养老和数字等金融融合应用能力。加强绿色金融与科技金融、普惠金融、养老金融与数字金融等的融合发展，做好五篇大文章。特别是结合科技金融与发展新质生产力要求，不断推进我国绿色金融与科技融合，持续深度嵌入综合性应用场景。找准绿色金融和普惠金融结合点，让绿色金融覆盖更多中小微企业以及"三农"领域，针对量小、分散、面广的特点打造与之相适应的金融服务与产品。围绕立足城乡居家养老需求，强化金融服务支持城乡人居环境综合治理以及城乡环境基础设施建设。引入人工智能、区块链、物联网、企业画像等数字技术，缓解供需方信息不对称以及完善融资风险防控技术机制，解决融资难问题。金融支持科技公司参与开发和建设绿色低碳科技平台，运用数字化智能化技术打造综合性应用场景。

# 8

# 环境市场政策

党中央、国务院高度重视利用市场化手段推进生态环境保护。习近平总书记在全国生态环境保护大会上的讲话强调要推动有效市场和有为政府更好结合，规范环境治理市场，促进环保产业和环境服务业健康发展。2023 年，以 EOD 模式为代表的环境市场政策不断强化，生态产品价值实现机制试点持续推进，环境污染第三方治理不断发展，为高质量发展注入持续动能。

## 8.1 国家积极推进 EOD 模式创新

EOD 模式成为生态环境促进稳增长、服务高质量发展的重要手段。2018 年首次提出 EOD 模式以来，国家促进 EOD 发展的政策密集出台。在中央政策引导下，地方政府积极跟进，通过金融优惠、重点培育、资金奖励等措施鼓励 EOD 模式发展。尤其是自 2021 年 4 月和 2022 年 4 月生态环境部联合国家发展改革委、国家开发银行同意实施两批 94 个 EOD 试点项目以来，EOD 项目广受社会关注。在国家层面，截至 2023 年年底，生态环境部累计向金融机构推送 229 个 EOD 项目，总投资 9 718 亿元，融资需求 6 828 亿元，已获授信 2 012 亿元。

EOD 模式支持政策不断完善。2023 年 12 月，生态环境部办公厅、国家发展改革委、中国人民银行办公厅、国家金融监督管理总局办公厅 4 部门联合印发了《生态环境导向的开发（EOD）项目实施导则（试行）》。该实施导则以习近平生态文明思想为指引，坚持政府引导、企业和社会各界参与、市场化运作，明确了 EOD 项目从谋划、实施到评估的全过程管理流程，提出项目谋划、方案设计、主体确定、项目实施、评估监督等各环节的具体要求，明晰项目组织主体、项目实施主体及其责任分工，以及试点期间各级生态环境部门、金融部门等在 EOD 项目实施中的具体任务内容。

## 8.2 地方积极推进 EOD 模式探索

截至 2023 年年底，已有山东、安徽、江苏、浙江、福建、广东、广西、四川、甘肃、云南、山西、陕西等地发布省级项目入库或试点申报相关政策，山东、安徽、江苏、浙江、福建、广西等地省级储备库或省级试点库已正式投入运行并开展了项目评审、公布了入选项目清单，广东等地省级储备库或省级试点库已具备运行条件，四川等地省级储备库或省级试点库正在筹备之中。据不完全统计，全国已有 126 个省级储备库或省级试点 EOD 模式项目，其中，山东省 19 个、江苏省 30 个、浙江省 9 个、福建省 5 个、广西壮族自治区 43 个、安徽省 20 个。按照项目平均投资额 20 亿元计算，项目总投资额已超过 2 000 亿元。

安徽省 EOD 模式试点工作进展迅速。2022 年 12 月，安徽省人民政府办公厅印发《进一步盘活存量资产扩大有效投资实施方案》，提出推进生态环境导向的开发（EOD）模式试点，采取产业链延伸、联合经营、组合开发等模式，提高存量资产整体收益。加快组建省生态环境产业集团，增强同类存量资产项目运营管理能力。2023 年 9 月，安徽省生态环境厅、安徽省发展改革委、国家开发银行安徽省分行、中国农业发展银行安徽省分行联合印发《关于开展省级生态环境导向的开发（EOD）模式工作的通知》，通过统筹资源、统筹项目，系统谋划，实践检验，最终实现 EOD 理念下的可持续发展目标，助力区域经济高质量发展。安徽省是全国第一个设立省级储备库的省份，截至 2023 年 11 月，安徽省共有 11 个地市成功申报储备库。其中，黄山市的项目数量最多，共7 个（图 8-1），占全部项目数量的 28%，2 个项目纳入部委储备库、5 个项目纳入省级储备库。安庆市紧随其后，共有 5 个项目纳入储备库，1 个项目纳入部委储备库、4 个项目纳入省级储备库。此外，六安市有2 个项目纳入部委储备库，1 个项目纳入了省级储备库。宿州市和芜湖市各有 1 个部委储备库项目和 1 个省级储备库项目。马鞍山市、蚌埠市、池州市、合肥市、宣城市各有一个项目纳入部委储备库。阜阳市有 1 个项目纳入了省级储备库。

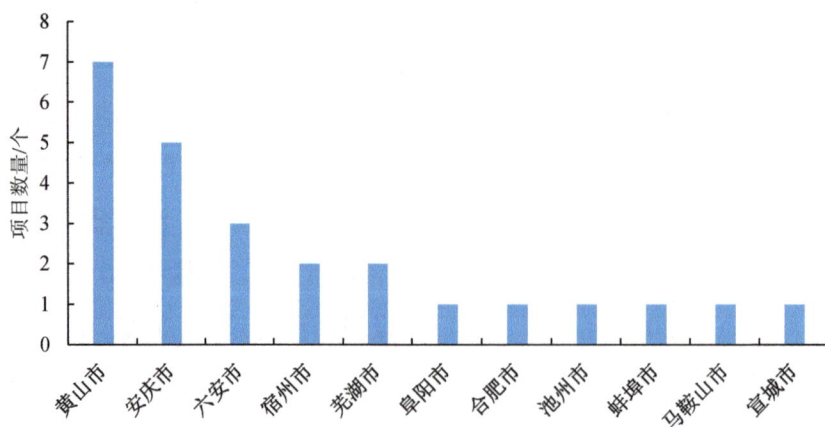

图 8-1　安徽省 EOD 项目地区分布

江苏省 EOD 模式不断创新。2023 年 3 月，江苏省生态环境厅、江苏省发展改革委和江苏省财政厅联合印发《江苏省生态环境导向开发模式（EOD）实施工作方案（试行）》，提出"十四五"期间，力争在全省范围内建设省级 EOD 试点项目 40 个，自 2023 年起新增 15 个试点项目纳入国家生态环保金融支持项目储备库。2023 年年底，江苏省创新推出"环基贷"产品，为环境基础设施项目提供最大优惠和最优政策。目前金融机构已与政府部门、省属国有企业、EOD 项目签约授信 800 亿元。

山东省 EOD 模式试点成效显著。2021 年 8 月，山东省人民政府印发《山东省"十四五"生态环境保护规划》，把推行 EOD 模式作为"十四五"期间山东省生态环保的一项重点工作。山东省生态环境厅、山东省发展改革委等 9 部门联合印发《关于支持发展环保产业的若干措施》，对推行 EOD 模式试点作出安排部署。2023 年 1 月，山东省委、省政府印发《山东省建设绿色低碳高质量发展先行区三年行动计划（2023—2025 年）》，对推进 EOD 模式作出了明确部署要求。截至 2023 年 11 月底，山东省有 5 个项目入选国家试点、4 个项目进入国家金融项目库，19 个项目入选省级试点，总投资达 900 亿元以上，获得授信 36 亿元，发放贷款 16 亿元以上。

## 8.3 生态产品价值实现机制试点持续推进

宁夏开展生态产品价值实现机制试点。宁夏回族自治区发展改革委认真贯彻落实自治区党委改革办工作要求，从市域、县域和功能区 3 个维度遴选了银川市、固原市、惠农区、利通区和农垦集团作为全区生态产品价值实现机制试点地区，指导各试点地区编制试点工作方案，定期调度督导，推动各地试点任务顺利推进，取得了一定成效。银川市率先在全区建立市级"六权"改革一体化服务平台，为摸清底数、活跃市场、畅通信息提供技术支撑。固原市制定了《固原市生态产品总值核算技术规范》，编制了《固原市生态产品价值实现典型案例集》。惠农区建立了"林票+能票"制度，通过购"林票"换"能票"，实现"以林融资"，有效盘活林地资源，促进生态产品价值实现。利通区创出了"节约用水—散户收储—入市交易—收益分成"的水资源价值实现路径。农垦集团推进 EOD 项目建设，改善沙湖地区生态环境和群众的生活环境，促进文旅产业与沙湖核心景区同频共振，实现生态治理与产业双向"增值反哺"。

陕西省商洛市开展 GEP 综合考评。商洛市成立了以商洛市委、市政府主要负责同志为组长的生态产品价值实现机制试点工作领导小组，高位推动试点工作。制定印发《商洛市 GEP 综合考评办法（试行）》，开展 GDP 与 GEP 双评价、双考核，并将生态产品总值指标纳入高质量发展综合绩效评价体系。出台《商洛市金融支撑生态产品价值实现十一条措施》《关于创新推行"生态贷"助推生态产品价值实现的实施意见》，加强金融机构对生态产品价值实现工作的支持力度，搭建生态优势向经济优势转化通道。与中国科学院地理科学与资源研究所合作建立了全国首个"生态产品价值与碳汇评估平台"，制定并申报了地方标准《商洛市生态产品价值核算指南》，形成全市生态产品"一个库"数据管理，实现生态产品价值一个度量标准、一个信息库、一个展示平台、一键自动核算。柞水木耳首位产业推动生态价值实现、商南茶叶融合发展 2 个案例入选国家发展改革委经典案例，《商洛 GEP 实现一键自动核算》《镇安"四个三"机制助推生态产品价值实现》2 个案例入选国家《改革内参》。80 种农产品入选全国名特优新农产品名录，初步形成"菌果药畜茶酒"等为代表的特色农业体系，成为全国首个"全国名特优新农产品高质量发展样板市"。

浙江省丽水市细化推进生态产品价值实现机制建设。2023 年 9 月，丽水市莲都区推进生态产品价值实现机制国家试点工作领导小组办公室印发《莲都区生态产品价值实现 2023 年重点工作清单》，建立责任清单，明确生态产品价值实现工作分管领导及专职联络员；强化进度管理，责任单位对清单中每项任务进展情况实行每月 20 日向区生态价值办书面报告；及时销号，对已完成工作的牵头单位及时清零，做好总结材料，报区生态价值办进行销号；重点任务责任清单任务纳入试点工作年度考核。

## 8.4 环境污染第三方治理不断发展

国家支持企业和地方持续探索环境污染第三方治理模式。2023 年 8 月，财政部、税务总局、国家发展改革委、生态环境部发布《关于从事污染防治的第三方企业所得税政策问题的公告》，提出对符合条件的从事污染防治的第三方企业减按 15%的税率征收企业所得税，公告执行期限自 2024 年 1 月 1 日起至 2027 年 12 月 31 日止。2023 年 10 月 16 日，国务院发布《关于推动内蒙古高质量发展奋力书写中国式现代化新篇章的意见》（国发〔2023〕16 号），其中提出"加强矿区治理修复"，强化资源型企业生态环境恢复治理责任和社会责任，探索支持第三方治理模式。

甘肃省加强环境污染第三方治理模式监管。2023 年 3 月，甘肃省生态环境厅联合省市场监督管理局、省公安厅、省人民检察院、省高级人民法院印发了《关于开展第三方环保服务机构弄虚作假问题专项整治行动的通知》，建立了全省专项整治省级协调机制，明确了专项整治任务和要求，统筹指导督促各有关部门和市（州）全面深入开展专项整治行动。2023 年 2 月，甘肃省平凉市生态环境局出台《平凉市生态环境社会化第三方服务机构监督管理暂行办法》，促进第三方服务市场健康发展。

## 8.5 其他市场模式典型案例

浙江省推动生态资源资本化。2023 年 5 月 26 日，浙江省发展改革委 6 部门联合印发《关于两山合作社建设运营的指导意见》（浙发改函〔2023〕3 号），以生态产品价值实现为根本目标，聚焦生态资源变生态资产、生态资产变生态资本，按照"分散化输入、集中式输出"的经营理念，打造政府主导、社会参与、市场化运作的生态产品经营管理平台。到 2025 年，两山合作社建设机制基本健全，运营模式基本成熟，推动生态产品价值实现的体制机制和政策框架基本建立，形成一批可复制、可推广的成功经验。到 2035 年，两山合作社建设运营机制更加完善，生态产品价值实现机制全面建立，绿水青山转化为金山银山的政策制度体系更加健全，两山合作社在提供优质生态产品、推动生态富民、服务乡村治理等方面发挥重要作用。

广东省鼓励社会资本参与生态修复。2023 年 9 月 28 日，广东省人民政府办公厅发布《广东省人民政府办公厅关于鼓励和支持社会资本参与生态保护修复的实施意见》（粤府办〔2023〕16 号）。鼓励社会资本会同科研院所等第三方科研力量，加强生态保护修复基础理论研究和技术攻关，加大生态保护修复关键技术研发、应用、推广和示范。开展农田、湿地等生态系统固碳增汇关键技术研发，提升生态系统碳汇监测、评估和核算能力。推动森林碳汇、红树林等蓝碳碳汇项目碳汇产品省域内流转交易。支持矿山生态修复产品价值实现方式创新。

## 8.6 小结

### 8.6.1 存在的问题

金融机构缺乏投资 EOD 模式项目的积极性。银行金融机构积极参与到绿色金融制度建设中，在林牧业、清洁能源开发与实用技术研究、建造节能等绿色生态行业的发展过程中给予支持，同时降低信贷审批门槛，增加金融支持力度。但从相关产业披露的数据来看，对于能源节约、排放管理等生态环境保护相关产业的金融支持力度相对保守，反映出我国大多数金融机构对于 EOD 模式项目的重视程度不够，缺乏主动提供金融支持的积极性。金融机构对生态环境保护项目建设的长远性、全局性意义存在疑虑，仅仅是为了完成任务，既没有为生态环境保护行业提供充足的帮助，也影响了自身的发展。长此以往，不利于改善投融资环境，会影响整个生态保护大局。

生态产品价值实现机制亟待健全。我国生态产品价值实现工作起步较晚，价值实现机制不健全，涉及的制度技术条件和利益关系较为复杂，实践中还存在生态产品底数不清、价值核算不规范、价值实现渠道不顺畅、价值转化不充分等问题。实现生态产品价值还存在产权界定不清晰，估价及核算体系不完善，生态修复动力不足，需要加以认真研究探索。生态产品包含的劳动价值并不多，缺乏价格形成的劳动价值基础，大部分很难进行市场交易，存在以市场为主导的生态产品价值实现的投资回报周期长，回报率较低，内生动力不足等问题。此外，以政府为主导的生态产品价值实现力度不够，且财政资金的使用效率有待提高。

环境污染第三方治理政策制度不健全。我国环境污染治理第三方市场发展较晚，尚未形成成熟的运行模式。缺少信息交流机制，导致信息不对称性较大。在市场交易中，缺少信息互换机制，致使企业之间存在认知偏差。市场准入条件降低，第三方服务公司专业技术水平难以辨别。自取消环境污染治理行业的资质审批许可管理制度后，许多中小型环保企业涌入市场，市场情况较为复杂。第三方治理项目前期需要大量资金投入，并且排污设施建设周期长，因此对融资的需求极为迫切。

## 8.6.2 发展方向

提升金融机构参与 EOD 模式的积极性和主动性。加强 EOD 相关的工作人员培训，从战略发展的高度出发，提升 EOD 项目支持在内部各项工作开展中的地位和优先级，实现专人专用，为 EOD 项目投融资设立"专用窗口"。完善金融机构内部绩效考评体系，通过开展专项讲座、业务培训等多种方式，向工作人员传达 EOD 项目支持工作开展的重要意义，并将相关实务工作开展情况纳入绩效考评体系，制定系统、科学的评价标准，将工作责任落实到人，奖优罚劣，从根本上提升工作人员的积极性。

促进政府、市场参与生态产品价值实现。强化政府战略决策与市场灵活决策的全面引领，提高长期发展目标与及时效率目标的有机融合，让生态产品价值实现既满足人民群众的"小诉求"，又能体现国家发展的"大格局"。善于引入市场力量和竞争机制，培育生态产品生产成为战略性新兴产业，充分发挥市场机制在生态资源配置中的重要作用，以发展经济的方式解决生态环境的外部不经济性。提高驾驭社会主义市场经济的综合实力，激发有效市场的创新力和倒逼机制，为生态产品价值实现获得必需的制度基础、政策引导和权威力量，以提高生态产品价值实现的效率和效果。进一步构建完善的生态监测网络，积极开展生态产品状况调查评估，提高典型生态系统、自然保护地、重点生态功能区、生态保护红线及重要水体的生态监测和人居环境污染监测能力，加大生态环境质量、生态产品监测与评价结果公开力度。

完善第三方治理相关配套政策和机制。引导第三方治理行业健康发展，建立系统的法律法规体系，针对环境污染问题，制定明确的执行细则，维护污染企业和第三方治理企业的合法权益，通过调节两者之间的关系，保障环境污染治理制度有效执行，维护市场主体的合法权益。城市存在多种污染来源，如生活污水、生活垃圾、厨余垃圾等，针对不同的治理对象进行环境公共设施开发，强化环境污染自动监督管理，对各项环境污染治理措施进行有效的监控。

# 9

# 环境与贸易政策

由于全球经济的快速发展以及复杂多变的国际经济政治形势，生态环境问题对经济贸易的影响日益凸显。2023 年，中国全面禁止进口固体废物，碳边境调节机制等政策使我国经济贸易面临新的挑战。

## 9.1 WTO 框架下环境议题

中方在世界贸易组织（WTO）提交贸易与环境政策相关提案。2023 年 3 月，WTO 贸易与环境委员会会议召开。会议期间，各方就环境政策的贸易影响展开讨论，中方要求对欧盟 BAM 开展多边专题讨论的提案受到 WTO 成员广泛关注。中方提案指出，贸易政策正越来越多成为各国实施环境政策的工具，一些环境政策措施涉及的贸易问题引发争议。其中一些措施被诉诸 WTO 争端解决机制，另一些措施则在 WTO 相关例会和审议机制上被反复提及。WTO 是监督审议贸易政策的重要场所，旨在实现环境目标的贸易政策应当符合 WTO 基本原则和规则，避免构成保护主义措施和绿色贸易壁垒。WTO 应在通过贸易政策助力环境可持续性、预防贸易摩擦等方面发挥更大作用。就此，各方开展建设性的多边专题讨论是推动多边合作的第一步。建议在 6 月举行的贸易与环境委员会会议上，就欧盟 CBAM 开展多边专题讨论。不少 WTO 成员认为，欧盟 CBAM 涉嫌违反 WTO 最惠国待遇和国民待遇原则以及《巴黎协定》相关原则。

WTO 公共论坛聚焦贸易与环境议题。WTO 公共论坛是 WTO 最大的外联活动，政府、产业、学术界、非政府组织等都希望自己的声音被听见，在一定程度上也是各国围绕话语权和发展权博弈的舞台。2023 年 9 月，WTO 聚焦贸易与环境议题，以绿色、气候变化、环境等为主题举办多场公共论坛，议题包含"绿色贸易辩论""贸易驱动的包容性循环经济""世贸组织的绿化：追求包容性气候变化政策""推动绿色贸易""气候变化贸易联盟"等。钢铁业作为对环境影响较大的产业，题为"促进钢铁脱碳公平竞争环境论坛"的活动吸引了更多注意力，也是最能体现不同类型国家产业代表差异的领域。宝武集团代表要求推动标准的多边互认，在处理脱碳转型问题时要考虑发展中国家的能力不足，帮助发展中国家提升碳减排能力并获取先进技术，而塔塔钢铁公司代表则强调实施欧盟 CBAM 有助于为欧洲钢铁产业提供公平竞争环境。

COP28"中国角"开幕式暨"生态文明与美丽中国实践"边会推动《巴黎协定》全面有效实施。2023 年 11 月 30 日，《联合国气候变化框架公约》第二十八次缔约方大会（COP28）"中国角"开幕式暨"生态文明与美丽中国实践"边会在阿联酋迪拜举行。生态环境部黄润秋部长指出，党的十八大以来，在习近平生态文明思想指引下，中国全方位、全地域、全过程加强生态环境保护，生态文明建设从理论到实践都发生了历史性、转折性、全局性变化，美丽中国建设迈出重大步伐。特别是近年来，中国坚持绿色低碳高质量发展，作出碳达峰碳中和的庄严承诺，并将其纳入生态文明建设整体布局和经济社会发展全局，应对气候变化

工作取得突出成效。未来中国将以美丽中国建设全面推进人与自然和谐共生的现代化，实施积极应对气候变化国家战略，落实碳达峰碳中和"1+N"政策体系，为推动应对气候变化和全球环境治理作出新的贡献。期待 COP28 坚定维护多边主义，积极开展"聚焦落实"的全球盘点，充分响应发展中国家诉求，推动发达国家展现必要灵活性达成多边解决方案，向国际社会发出以务实行动合作应对气候变化的积极信号，推动《巴黎协定》全面有效落实。

## 9.2  碳边境调节机制

欧盟 CBAM 过渡阶段生效。2023 年 4 月 18 日，欧洲议会通过了新的欧盟 CBAM 的规则。2023 年 10 月，欧盟 CBAM 过渡阶段开始试运行。根据最新协议，CBAM 将在 2026 年正式开征，最初将涵盖 6 个碳密集度最高的行业中某些特定产品，这些行业包括钢铁、水泥、化肥、铝、电力和氢气等行业。根据官方表述，欧盟出台 CBAM 的主要目的是解决碳泄漏（carbon leakage）问题，同时维护境内高排放产业的竞争力。对于欧盟而言，碳泄漏风险主要是指欧盟碳排放配额交易体系所覆盖商品的生产从欧盟这样减排政策力度较大的地区转移到其他减排政策力度较弱的地区，进而可能导致这些商品的总排放量增加。2023 年欧盟碳排放交易体系（EUETS）的碳配额价格在 80 欧元/t $CO_2$ 左右浮动，高于大部分经济体，尤其是发展中国家。目前，欧盟采用的防止"碳泄漏"的措施主要包括两类：一是向存在显著碳泄漏风险的行业提供更多免费碳配额，二是允许成员国对用电大户因 EUETS 导致的电价成本上升进行补偿（间接成本补偿）。CBAM 的构建标志着欧盟正式将解决碳泄漏问题的政策导向，从以发放免费配额为主的援助境内产业模式向以征收碳关税为代表的规制境外产业模式转变。

英国政府宣布将实施英国碳边境调节机制。12 月 18 日，英国政府正式宣布 2027 年起实施英国碳边境调节机制（carbon border adjustment mechanism，CBAM）。初步涵盖的产品大类包括铝、水泥、陶瓷、化肥、玻璃、氢气、钢铁。英国 CBAM 是对标欧盟 CBAM 采取的类似措施，其动机与欧盟 CBAM 类似：一是保障所谓的"应对气候变化成本的公平性"；二是所谓的"碳泄漏"，为了保障本国制造商不将高碳排企业迁出本国；三是推动还未开始碳定价的国家早日采取市场化的模式，推动全球应对气候变化；四是促进主要经济体的去碳化进程，以引导全球碳市场的标准制定。CBAM 机制通过调整进口价格，减少境内外企业在碳排放成本上的不对称，以保护本土企业的贸易竞争力。同时，碳关税规则、碳价水平是基于发达国家发展现状制定，发展中国家的经济、技术水平与之存在距离。伴随欧盟 CBAM 与英国 CBAM 相继官宣及世界多国及地区碳达峰碳中和计划的实施，以遏制碳排放的"碳壁垒"正在成为一种新的现象。

## 9.3 禁止进口固体废物

严防"洋垃圾"走私和变相进口"洋垃圾"。2017—2020 年，经过 4 年的努力，我国如期实现了在 2020 年年底固体废物进口清零的目标，发达国家将我国作为"垃圾场"的历史一去不复返。全面禁止进口"洋垃圾"后，巩固改革成果仍面临一些新挑战。例如，一些不法企业和个人受利益驱使，通过伪报、"影子商品""蚂蚁搬家""偷梁换柱"等隐蔽方式走私"洋垃圾"，增加了执法打击难度。2021 年，海关总署共立案侦办废物走私犯罪案件 110 起，查证涉案废物 4.2 万 t。另外，再生原料进口、保税维修、再制造等新业态快速发展，存在一定的变相进口"洋垃圾"的风险。为规范进口货物的固体废物属性鉴别工作，2023 年 1 月，生态环境部、海关总署联合发布《关于发布进口货物的固体废物属性鉴别程序的公告》（生态环境部公告　2023 年第 2 号），明确了海关发现进口货物疑似固体废物时，需开展固体废物属性鉴别的情形。

## 9.4　小结

### 9.4.1　存在的问题

在欧盟扩大覆盖产品范围后，CBAM 对中欧贸易的影响将会更加严重。从行业角度来看，短期内会对中国高碳密集型行业影响较大。研究表明，欧盟实施 CBAM 将使中国钢铁和铝行业每年分别增加支付的碳边境调节税达到 26 亿～28 亿元、20 亿～23 亿元，其中钢铁每吨增加成本在 652～690 元，铝每吨增加成本在 4 295～4 909 元。如果欧盟的碳关税达到了预期成效，其他国家可能还会加以效仿，推行类似的碳关税政策。目前美国、英国及加拿大都已经开始在探讨推行相似政策的可行性。不难想象，发达国家采取的碳关税措施将给我国高耗能产业的出口带来不利影响。随着国内传统优势产业日益被纳入碳关税清单，我国与贸易伙伴的矛盾将会更加尖锐。

呈现"洋垃圾"变相走私的特点。全面禁止进口"洋垃圾"后，巩固改革成果仍面临一些新挑战。例如，一些不法企业和个人受利益驱使，通过伪报、"影子商品""蚂蚁搬家""偷梁换柱"等隐蔽方式走私"洋垃圾"，增加了执法打击难度。2021 年，海关总署共立案侦办废物走私犯罪案件 110 起，查证涉案废物 4.2 万 t。另外，再生原料进口、保税维修、再制造等新业态快速发展，存在一定的变相进口"洋垃圾"的风险。

## 9.4.2 发展方向

加强国际合作，针对不同情景分类施策。坚持应对气候变化的"共同但有区别的责任"原则，反对发达国家将气候变化问题"武器化"，争取全球碳交易市场规则制定的话语权。加强建立与欧盟的碳对话机制，特别是针对 CBAM 的关键问题如贸易产品的隐含碳测算、碳排放基准值设定等，与欧盟积极开展双边对话。推动建设"绿色丝绸之路"，充分发挥"一带一路"绿色发展国际联盟作用。同时，应认识到美国、欧盟等发达经济体采取的气候投融资发展路径各不相同，发达国家群体内部针对贸易保护措施也存在大量分歧，如美国、日本等尚未建立全国性碳定价机制或碳价过低的国家尚不具备有效实施类似欧盟 CBAM 措施的能力，"可持续钢铝协议"的理念与 CBAM 这一将内部碳市场规则拓展至国际贸易的手段存在根本冲突。针对这些情况，我国应在广泛联合国际社会普遍反对声音的同时具体问题具体分析，针对各国、各类政策的不同情况采取不同的应对思路与措施。

持续深化巩固，全面禁止进口"洋垃圾"改革成果。一是严防"洋垃圾"走私和变相进口"洋垃圾"。针对"洋垃圾"走私呈现的新特点，配合海关总署等有关部门强化"源头控、口岸防、国内查、后续打"的全链条防控。规范再生原料产品进口管理，引导企业依法开展再生原料产品进口业务，严防不符合标准的再生原料披着合法外衣变相入境。强化保税维修、再制造等新业态管理，研究制定环境管理要求，防范变相进口"洋垃圾"。二是完善禁止"洋垃圾"进口配套监管制度。落实固体废物污染环境防治法有关要求，加强进口货物固体废物属性鉴别工作的管理，做好鉴别仲裁工作。加大协调力度，协助做好无法退运"洋垃圾"的无害化处置工作。建立信息共享机制，加强保税维修重点企业固体废物转移的监管。三是加强固体废物出口监管。履行《控制危险废物越境转移及其处置巴塞尔公约》责任义务,防止我国固体废物出口造成进口国环境污染。组织修订《危险废物出口核准管理办法》,进一步强化危险废物出口监管,明确非公约管控的固体废物出口管理要求。

# 10

# 环境资源价值核算政策

环境资源价值核算政策对加强生态环境保护、促进生态文明建设、建设美丽中国具有重要意义。2023 年，我国多地积极探索生态产品价值实现路径，不断完善生态产品价值形成机制试点建设，推进自然资源资产负债表编制，生态环境资产核算工作取得新突破，环境损害赔偿制度进一步健全，推动环境资源价值核算研究探索不断深入。

## 10.1 生态系统生产总值核算

生态环境部环境规划院发布全国首个 GEP 和 GEEP 百强县名单。生态环境部环境规划院联合中国环境监测总站，基于 30 m 空间分辨率的遥感数据，完成 2021 年我国 2 800 多个县级 GEP 和 GEEP 核算，核算结果可以为省、市、县级行政区的"绿水青山就是金山银山"实践创新基地创建、绿色发展考核评估、生态补偿政策制定、生态第四产业发展战略谋划提供参考。根据《中国统计年鉴 2022》《中国城市建设统计年鉴 2022》等数据来源，研究得出，我国 GEP 排名前 100 的区（县）主要分布在西藏自治区、黑龙江省、内蒙古自治区、青海省和新疆维吾尔自治区，其

131

中西藏自治区有 25 个区（县）位于前 100，黑龙江省有 20 个区（县）位于前 100，内蒙古自治区有 16 个区（县）位于前 100，青海省有 15 个区（县）位于前 100，新疆维吾尔自治区有 13 个区（县）位于前 100。

贵州省生态产品总值核算工作取得积极进展。贵州省统计局对照贵州"生态文明先行区建设"工作要点，联合省直有关部门和省内高校科研机构力量，紧紧围绕 GEP 核算理论、方法制度、指标体系等积极探索推进，取得了初步成果。制定《贵州省试点地区生态产品总值核算方案（试行）》，选取赤水市、大方县、江口县、雷山县和都匀市 5 个试点地区先行开展 GEP 试算，形成一批试点成果经验。2023 年，贵州省在全国率先开展省、市、县三级 2018—2022 年生态产品总值全面试算，初步摸清了贵州各地区 5 类生态系统的物质供给、调节服务和文化服务等生态产品价值。在试点试算的基础上，借鉴有关省份试点经验，制定《贵州省生态产品总值核算方案（试行）》，指导各市（州）、县（市、区、特区）扎实推进生态产品核算工作。

北京市构建生态产品总值核算体系。北京市在多年持续开展 EI 监测评价的基础上，率先落实国家 GEP 核算规范，在 2022 年年底出台了地方标准《生态产品价值核算技术规范》（DB11/T 2059—2022），由北京市生态环境局、发展改革委、统计局、财政局组织实施。2023 年 8 月，印发了《北京市生态系统调节服务价值（GEP-R）核算方案》，明确到 2025 年年底，实现对市、区、街道（乡镇）三级行政区及重要生态空间的 GEP-R 核算，核算结果年度动态发布并逐步应用到生态保护补偿等工作中。

## 10.2　自然资源资产负债表试点

四川省泸州市古蔺县积极推进自然资源资产负债表编制工作。

2023 年 6 月，古蔺县人民政府印发《古蔺县国家生态文明建设示范县规划（2022—2030 年）》，提出强化生态制度体系建设，根据《国务院办公厅关于印发编制自然资源资产负债表试点方案的通知》相关要求，编制《古蔺县自然资源资产负债表》，建立古蔺县自然资源资产核算体系，优先编制土地资源、林木资源、水资源实物量资产账户，逐步探索编制矿产资源实物量资产账户。

## 10.3 环境损害赔偿

生态环境部发布两项生态环境损害相关标准。为规范土壤生态环境损害鉴定评估的土壤生态环境基线调查与确定工作，生态环境部发布《生态环境损害鉴定评估技术指南　总纲和关键环节　第 4 部分：土壤生态环境基线调查与确定》，规定了土壤生态环境损害鉴定评估过程中土壤生态环境基线调查与确定的内容、工作程序、方法和技术要求。为规范生态环境损害恢复效果评估工作，生态环境部发布《生态环境损害鉴定评估技术指南　总纲和关键环节　第 3 部分：恢复效果评估》，规定了生态环境损害恢复效果评估的程序、内容和方法。

生态环境部公布第三批生态环境损害赔偿磋商十大典型案例。2023 年，生态环境部指导开展生态环境损害赔偿案例实践，全国办理生态环境损害赔偿案件 1.47 万件，涉及赔偿金额 64.8 亿元。地方各级生态环境部门结合日常监督检查、专项检查、环保督察、行政处罚等工作，多措并举、持续发力，办理了一批重大生态环境损害赔偿磋商案件。为加强警示宣传，2023 年 10 月生态环境部公布第三批生态环境损害赔偿磋商十大典型案例，包括山东省南四湖流域全盐量硫酸盐超标排放生态环境损害赔偿系列案、浙江省海宁市某科技工业园部分企业废水通过渗坑直排污染土壤生态环境损害赔偿案、黑龙江省伊春市某公司尾矿库泄漏污染部分河段、农田及林地生态环境损害赔偿案等，体现了生态环境部门严厉打击生态环境违法行为，进一步破解"企业污染、群众受害、政府埋单"困局的坚定决心和坚决态度。

云南省健全生态环境损害赔偿工作制度。截至2023年，全省生态环境损害赔偿案例数量达221件，数量、质量均有较大幅提升。云南省第一批生态环境损害赔偿典型案例涵盖了违法采矿、污染土壤、非法捕猎野生动物、非法倾倒固体废物、非法占用林地及未足额下泄生态流量等类型。2023年，云南省生态环境损害赔偿工作领导小组深入一线开展生态环境损害赔偿案例线索筛查及案例案件督导帮扶工作，严厉惩治和震慑环境违法行为，切实修复受损生态环境。截至2023年，云南省昆明市、曲靖市案例实践数分别达到30件及以上，文山壮族苗族自治州、临沧市、昭通市、保山市、楚雄彝族自治州案例实践数均达到14件及以上。

青海省生态环境损害赔偿工作取得成效。2023年，青海省生态环境系统编制完成《木里矿区生态环境综合整治评估报告》，印发实施木里矿区生态环境监测总体方案，在11个矿坑设置30个点位，实现全时全域视频观测监督全覆盖。2023年，完成木里矿区生态环境损害赔偿协议资金16.58亿元、到账8.65亿元，是目前全国资金金额最大的赔偿案例。积极推进木里矿区综合整治，三年行动方案确定的60项整治任务已完成56项，生态环境修复成效良好。

## 10.4 小结

### 10.4.1 存在的问题

生态系统核算准确性尚存难题。生态产品价值核算面临核算方法不统一、核算指标体系差异大、供需关系因素考虑不足、市场认可度不高、数据质量有待提升的问题，导致结果缺乏区域可比性和市场认可度，地方价值核算量缺乏市场认可度。空间地理尺度差异加大了价值核算的难度，一些较大地理跨度生态产品（如国家公园、重点生态功能区）的正外部性价值核算难度较大，对政府补偿性资金依赖程度高。数字化和大数据技术应用不足，限制了地方自然资源资产的盘点，降低了核算数据准确性。

环境损害赔偿亟须相关法律规定的进一步支持。对于环境损害赔偿的责任主体认定存在较大争议，既包括一般的民事主体，又包括国家规定的机关或者法律规定的组织如检察机关、相关公益组织以及地方政府。同时，如何有效认定生态环境损害的构成要件并对损害结果进行量化是实践的重点和难点，相关法律规定尚未明确界定，缺乏一套对生态系统环境要素的实质损害及后续惩罚性赔偿的标准体系。

## 10.4.2 发展方向

持续推进生态配额交易工作。结合国内外经济与社会发展形势等因素，适度提高受影响地区生态配额权初始分配。发挥市场机制，探索培育国家之间、地区之间、企业之间的碳排放权、用水权、用能权、排污权市场交易体系；加强制度衔接，统一规范确权、登记、流转等关键环节名称。适时推广生态环境权益有偿使用新机制，推动在各类生态配额交易关键环节中建立统筹协调的技术方法，将各类生态配额交易整合成为一个系统的制度体系。

制定生态产品价值核算规范。鼓励地方先行开展以生态产品实物量为重点的生态价值核算，再通过市场交易、经济补偿等手段，探索不同类型生态产品经济价值核算，逐步修正完善核算办法。在总结各地价值核算实践的基础上，探索制定生态产品价值核算规范，明确生态产品价值核算指标体系、具体算法、数据来源和统计口径等，进一步推进生态产品价值核算标准化。将生态产品的生产过程成本化，探索建立科学、统一的规范标准，以及体现市场供需关系的生态产品定价机制。对于无法直接定价的纯公共性生态产品，可将其生态服务价值融合到物质型或文化型产品上，以委托产品的价格间接实现市场定价。

明确损害赔偿责任主体，完善损害赔偿机制。明确环境损害赔偿的责任主体，严格落实民事主体，国家机关、检察机关、公益组织、地方政府等主体的责任范围，并通过立法等方式予以明确。完善生态环境损害赔偿机制，制定统一的生态环境损害评估规范和技术体系，提高评估机构和人员的准入门槛，细化完善生态损害评估监管制度。根据生态环境损害评估规范，制定统一、严格、阶梯状的生态环境损害赔偿标准，并适度提高赔偿标准的限额。明确环境损害惩罚性赔偿适用条件，设立无过错责任及因果关系举证责任倒置规则，有效弥补受害者与污染者地位的不平等性。

# 11

# 行业环境经济政策

国家越来越强调分行业精细化管理，逐步加大行业环境政策的研究制定和实施力度，从名录式、清单式行业环境管理应用工具，到推进重点行业水效、能效、环保"领跑者"制度实践，到绿色供应链，再到环境信息强制性披露及信用体系建设，从国家到地方都形成了一系列的政策探索及制度落地，积极推进了工业行业的环境差别管理、市场手段高效应用、监督监管精准施策等，有效强化了工业行业的节能减排、污染治理水平。

## 11.1 《环境保护综合名录》及生态环保相关清单

持续开展《环境保护综合名录》研究制定。研究筛选石化、无机盐、冶金等重点行业技术工艺改进大、环境绩效提升大、减污降碳效果好、进出口量大、产业绿色发展示范带动效应强的产品除外工艺，开展新版《环境保护综合名录》修订研究工作。建立重点产品与企业环境绩效综合评估技术与政策体系，拓展深化综合名录应用，完成重点产品环境绩效评估报告，探索建立技术分析—市场服务—政策支撑新模式。

发布《中国消耗臭氧层物质替代品推荐名录》。2023 年 6 月，为履行《关于消耗臭氧层物质的蒙特利尔议定书》，加快推动含氢氯氟烃物质的淘汰，按照《消耗臭氧层物质管理条例》的有关规定，生态环境部办公厅、工业和信息化部办公厅联合印发了《中国消耗臭氧层物质替代品推荐名录》，包括明确被替代物质及替代品的用途类型和主要应用领域。该名录推荐了 3 种 HCFCs 的 23 个替代品，其中制冷剂替代品 7 个，发泡剂替代品 7 个，清洗剂替代品 9 个（类），涉及房间空调器和家用热泵热水器、工商制冷、泡沫、清洗等行业。该名录同时给出替代品的主要应用领域，为相关行业、企业研发和使用替代品提供指导。

发布《国家鼓励的工业节水工艺、技术和装备目录（2023 年）》。为落实《工业水效提升行动计划》（工信部联节〔2022〕72 号）、《工业废水循环利用实施方案》（工信部联节〔2021〕213 号）工作部署，加快先进节水工艺、技术、装备研发和应用推广，提升工业用水效率，工业和信息化部、水利部编制了《国家鼓励的工业节水工艺、技术和装备目录（2023 年）》。该目录包括共性通用技术，以及覆盖钢铁行业、石化化工行业、纺织印染行业、造纸行业、食品行业、有色金属行业、皮革行业、制药行业、电子行业、建材行业、蓄电池行业、煤炭行业、电力行业的共 171 项技术。

发布《石化化工行业鼓励推广应用的技术和产品目录（第二批）》。为推动石化化工行业高端化、智能化、绿色化发展，2023 年 11 月，工业和信息化部发布了《石化化工行业鼓励推广应用的技术和产品目录（第二批）》。该目录中的化工风险预警、智能评估与管控技术，能够根据化学品、化学反应和反应失控有关分类，实现反应安全风险评估从定性到定量的突破，可有效解决化工过程安全事故多发问题。在精细化工等适用领域，该技术可推动单位产品资源消耗强度、"三废"排放强度减少，均达到 10%及以上，工艺风险等级降低至 3 级及以下。列入该目录的危险化学品重大火灾爆炸事故链风险防控与应急关键技术及装备，建立了"泄漏—自燃—火灾—爆炸"事故链的理论模型。

发布《国家绿色低碳先进技术成果目录》。2023 年 9 月，科技部网站正式发布《国家绿色低碳先进技术成果目录》，目录包括以下 6 个领域的共 85 项技术成果。水污染治理领域（18 项）包括城镇生活污水高效处理及资源化、城镇污水处理厂精细化运行、农村生活污水处理等。大气污染治理领域（15 项）包括工业烟气除尘脱硫脱硝及多污染物协同控制、重点行业挥发性有机物（VOCs）污染防治及回收、移动源污染控制等。固体废物处理处置及资源化领域（23 项）包括有机固体废物、生活垃圾、危险废物、大宗工业固体废物、电子废物的处理处置及资源化等。土壤和生态修复领域（10 项）包括污染地块、工矿用地的土壤修复及脆弱环境生态修复等。环境监测与监控领域（6 项）包括生态环境质量、污染源和环境应急监测与监控等。节能减排与低碳领域（13 项）包括用能设备节能降碳、工艺改造节能减排、余热余压节能低碳、煤炭高效清洁利用等。

## 11.2  环境信息依法披露及 ESG 发展

环境信息依法披露制度不断健全。在国家层面，生态环境部积极推动企业环境信息自愿披露格式准则研究的编制，2023 年已形成《企业环境信息自愿披露格式准则》（征求意见稿），并广泛征求意见。通过政策宣讲、回答问题、讲解案例等形式有效服务全国各省（区、市）的企业开展环境信息披露工作，涵盖第一个披露周期 84 000 余家企业，编制形成《环境信息依法披露制度改革百问百答（初稿）》。开展环境信息依法披露制度改革评估，围绕完整性、一致性、真实性、时效性对 8 万余家企业 2022 年度环境信息披露质量开展评估。2023 年 1 月，深交所发布《深市上市公司环境信息披露白皮书》，立足中国环境保护政策和深市上市公司环境信息披露制度，通过分享深市上市公司环境信息披露优秀案例，推动上市公司强化环境信息披露意识，践行绿色发展理念。

碳信息披露制度体系逐步完善。生态环境部开展了企业温室气体排放信息披露制度研究的编制，提出我国推进企业温室气体排放信息披露的政策框架，编制完成《关于加强企业温室气体排放信息披露的指导意见》（征求意见稿）和《企业温室气体排放信息披露工作指引》（征求意见稿）。2023 年 4 月，香港联交所刊发咨询文件，对《环境、社会及治理报告指引》的修改征询意见和建议，此举将优化气候信息披露以符合 IFRS S2 的要求，气候相关披露将从目前的"不遵守就解释"要求提升至强制披露要求。

从政府监管到行业企业，中国已全面开启 ESG 时代。政府与监管层不断加强对企业 ESG 的披露要求与管理力度。2023 年 7 月，国务院国资委办公厅发布《关于转发〈央企控股上市公司 ESG 专项报告编制研究〉的通知》，从 ESG 3 个维度，构建了 14 个一级指标、45 个二级指标、132 个三级指标的指标体系，涵盖基础披露和建议披露两类指标，为央企和央企控股上市公司编制报告提供了技术指引；力争 2023 年央企控股上市公司 ESG 专项报告披露"全覆盖"。在一些地方，地方国资委和地方国企也受此影响，加大力度推进 ESG 报告工作。2023 年 8 月，中国证监会发布独董新规，进一步完善公司治理规则。在 ESG 注意力广泛聚焦在"双碳"与环境维度的当下，独立董事新规将提高市场对公司治理的关注度；2023 年 10 月，香港证监会启动制定 ESG 评级和数据产品供应商自愿操守准则,该自愿行为准则将重点覆盖透明度、管治、系统与监控及利益冲突管理四大要素,满足了全球市场对监管 ESG 评级和数据服务商的期望。

行业及行业协会搭建 ESG 平台、制定标准,研究机构深入探索 ESG 中国标准。2023 年,中央企业 ESG 联盟相继参与了 ESG 与可持续发展国际研讨会,举办了"ESG 中国论坛创新年会""2023 高质量发展与中国企业社会责任论坛"等重要活动。《国内煤炭行业 ESG 研究报告》《旅游企业环境、社会和治理信息披露指南》《中国酒业 ESG 发展报告》《中国汽车行业 ESG 信息披露指南》等各行业 ESG 标准密集发布。2023 年 3 月,由中国企业社会责任报告评级专家委员会牵头编制的《中国企业 ESG 报告评级标准(2023)》正式发布;2023 年 10 月,国内首本《环境、社会及治理(ESG)基础教材》正式出版。

## 11.3 节能环保"领跑者"

"领跑者"标准体系逐步完善。"领跑者"制度实施情况已作为地方政府质量工作的一项评价要求,全国 30 多个省地市出台了相应激励政策。为保障"领跑者"评估的科学性、公正性,各机构及数百家行业协会组织研制了近千项质量分级及"领跑者"评价标准。截至 2023 年年底,有关机构发布近 500 项"领跑者"评价团体标准,以及涵盖 1 900 多家企业、3 200 项标准的"领跑者"榜单,在电子商务、互联网服务、老残服务等 30 余个细分服务领域发布了近百项质量分级及"领跑者"评价系列标准,为推动服务业高质量发展奠定了基础。下一步,国家标准化管理委员会将推动"领跑者"制度在服务领域拓展其深度和广度,深入推进服务领域标准体系建设;推动"领跑者"标准、服务、品牌"走出去",助力中国服务企业更好地融入"双循环"新发展格局。

推动发布"水效领跑者"名单。"水效领跑者"应使用统一的"水效领跑者"标识,工业和信息化部联合多部委鼓励各省、自治区、直辖市相关部门研究出台支持鼓励政策,广泛开展水效对标达标活动,推动制造业绿色高质量发展。为贯彻落实《国家节水行动方案》,推动企业、园区开展水效对标达标,提升工业用水效率,按照《关于组织开展 2022 年重点用水企业、园区水效领跑者遴选工作的通知》(工信厅联节函〔2022〕163 号)要求,工业和信息化部、水利部、国家发展改革委、市场监管总局组织开展了 2022 年重点用水企业、园区"水效领跑者"引领行动,2023 年 2 月,遴选出 74 家具备引领示范和典型带动效应的"水效领跑者"企业和园区,树立节水标杆,推动开展水效对标,提升工业用水效率。

国家市场监管总局发布《2023 年度实施企业标准"领跑者"重点领域》。为贯彻落实《国家标准化发展纲要》《"十四五"市场监管现代化规划》等要求,依据《市场监管总局等八部门关于实施企业标准"领跑者"制度的意见》,国家市场监管总局会同国务院有关部门,围绕国家重大决策部署,聚焦行业高质量发展,统筹考虑企业标准自我声明公开情况、消费者关注程度、标准对产品和服务质量提升效果,国家市场监管总局发布了 2023 年度实施企业标准"领跑者"重点领域目录,2023 年的重点领域围绕节粮减损、绿色低碳、清洁能源、数字经济、新技术、新材料、现代物流等重点方向布局,明确了农业、林业、畜牧业等 60 余项产业类别,稻谷种植、水产养殖、纺织业等265 个领域方向。

首批民营企业国家级"领跑者"名单正式发布。2023 年,国家市场监管总局深入贯彻落实习近平总书记重要指示要求,按照《国家标准化发展纲要》的部署,大力推进实施"领跑者"制度,引导和鼓励企业以高标准提供高质量的产品和服务，为高标准市场体系建设提供有力支撑。2023 年 10 月 19 日，2023 年全国民营企业科技创新与标准创新大会在湖南长沙举行，受国家市场监管总局标准创新管理司委托，中国标准化研究院在会上发布覆盖 20 个领域、65 类产品的首批民营企业国家级"领跑者"名单，共有 107 家民营企业、135 项标准入围，涉及 159 个产品型号及 40 项服务项目。20 家"领跑者"企业领导人受邀参加此次盛会并上台领取证书。

## 11.4 环保信用

加快构建环保信用监管体系。为全面推进美丽中国建设，加快推进人与自然和谐共生的现代化，中共中央、国务院制定《关于全面推进美丽中国建设的意见》，明确要完善环评源头预防管理体系，全面实行排污许可制，加快构建环保信用监管体系；深化环境信息依法披露制度改革，探索开展环境、社会和公司治理评价。

全国环境信用评价工作稳步推进。27 个省级生态环境部门制定了环保信用评价办法，由县（市）生态环境部门开展环保信用评价，评价结果作为分级分类监管依据，同时共享至信用信息平台并向社会公开。例如，山东省、江苏省环保信用评价工作均由设区的市级生态环境主管部门开展，江西省环保信用评价工作由设区市环保局、县（市）生态环境局按照"分级管理"原则组织开展。2023 年 7 月，山西省生态环境厅印发《企业环境信用评价试点工作方案》。2023 年 3 月，上海市生态环境局印发《上海市生态环境监测社会化服务机构（监测类）信用评价指标体系（2023 年版）》（表 11-1）。

表 11-1　企业环境信用评价政策文件

| 区域 | 政策文件（以最新发布为准） | 发布时间 |
|---|---|---|
| 国家 | 《关于推进社会信用体系建设高质量发展促进形成新发展格局的意见》 | 2022 年 |
| 国家 | 《关于对环境保护领域失信生产经营单位及其有关人员开展联合惩戒的合作备忘录》 | 2016 年 |
| 国家 | 《关于加强企业环境信用体系建设的指导意见》 | 2015 年 |
| 国家 | 《企业环境信用评价办法（试行）》 | 2013 年 |
| 上海 | 《上海市企事业单位生态环境信用评价管理办法（试行）》 | 2022 年 |
| 上海 | 《上海市生态环境监测社会化服务机构（监测类）信用评价指标体系（2023 年版）》 | 2023 年 |
| 天津 | 《天津市企业环境信用评价和分类监管办法（试行）》 | 2021 年 |
| 河北 | 《河北省企业环境信用管理办法（试行）》 | 2021 年 |
| 山西 | 关于发布《山西省企业环境行为评价办法》的通知 | 2008 年 |
| 内蒙古 | 关于发布《内蒙古自治区企业环境信用评价实施方案（试行）》的通知 | 2015 年 |
| 辽宁 | 《辽宁省企业环境信用评价管理办法》 | 2020 年 |
| 吉林 | 《吉林省企业环境信用评价方法（试行）》 | 2017 年 |
| 黑龙江 | 《黑龙江省企业环境信用评价暂行办法》 | 2017 年 |
| 江苏 | 《江苏省企业环保信用评价暂行办法》 | 2018 年 |
| 安徽 | 《安徽省企业环境信用评价实施方案》 | 2017 年 |
| 福建 | 《福建省企业环境信用动态评价实施方案（试行）》 | 2018 年 |
| 江西 | 《江西省企业环境信用评价及信用管理暂行办法》 | 2017 年 |
| 山东 | 《山东省企业环境信用评价办法》 | 2018 年 |
| 河南 | 《河南省企业事业单位环保信用评价管理办法》 | 2015 年 |
| 河南 | 《河南省企业事业单位环保信用评价管理办法》 | 2018 年 |
| 湖北 | 《湖北省企业环境信用评价办法（试行）》 | 2017 年 |

| 区域 | 政策文件（以最新发布为准） | 发布时间 |
|------|--------------------------|---------|
| 湖南 | 《湖南省企业环境信用评价管理办法》 | 2018 年 |
| 广西 | 《广西壮族自治区企业生态环境信用评价办法》 | 2021 年 |
| 海南 | 《海南省生态环境厅环境保护信用评价办法（试行）》 | 2020 年 |
| 重庆 | 《重庆市企业环境信用评价办法》 | 2017 年 |
| 四川 | 《四川省企业环境信用评价指标及计分方法（2019 年版）》 | 2019 年 |
| 贵州 | 《贵州省企业环境信用评价指标体系及评价办法（试行）》 | 2018 年 |
| | 《贵州省环境保护失信黑名单管理办法（试行）》 | 2015 年 |
| 西藏 | 《西藏自治区企业环境信用等级评价办法（试行）》 | 2014 年 |
| 陕西 | 《陕西省企业环境信用评价办法》及《陕西省企业环境信用评价要求及考核评分标准》 | 2015 年 |
| 甘肃 | 《甘肃省环保信用评价管理办法（试行）》 | 2021 年 |
| 宁夏 | 《宁夏回族自治区企业环境信用评价办法》 | 2019 年 |
| 青海 | 《青海省企业环境信用评价管理办法（试行）》 | 2021 年 |
| 新疆 | 《新疆维吾尔自治区企业环境信用评价管理办法（试行）》 | 2018 年 |

地方环境信用评价实践范围存在差异。重庆市共列举了 15 类必须参与评价的企业，其中包括"环境影响评价、环境监测等领域的环境服务机构"，并鼓励未纳入范围的企业、个体工商户自愿申请参评。吉林、山东、湖南的参评企业则为全省行政区域内的所有企业。河北、内蒙古、江苏、湖北、宁夏将国控、省（区）控和市控重点排污单位全覆盖；河南、新疆还分别将辐射类企业、从事环境服务的企业也一并列入。甘肃则是由省级生态环境部门按年度确定全省参评企业数量，具体企业名单由各市、州生态环境部门确定（表 11-2）。环境信用评价文件评级分类情况见表 11-3。

#### 表 11-2 企业环境信用评价参评企业范围

| 区域 | 评价范围 | 区域 | 评价范围 |
|------|---------|------|---------|
| 国家 | 污染物排放总量大、环境风险高、生态环境影响大的企业 | 河南 | 全省国控、省控重点监控企业和辐射类企业 |
| 河北 | 重点排污单位（国家级、省级、市级）以及受到环境行政处罚处理的未在重点排污单位内的企业 | 湖北 | 国控、省控、市控重点排污企业 |
| 内蒙古（乌海） | 区级以上（含）重点监控企业；10 类重点行业企业；上一年度发生较大及以上突发环境事件的企业等 | 湖南 | 全省范围内企业 |
| 辽宁 | 污染物排放总量大、环境风险高、生态环境影响大的企业；实际操作时，2018 年参评企业范围为火电、造纸、水泥 3 个行业的相关企业 | 重庆 | 污染物排放总量大、环境风险高、生态环境影响大的企业 |
| 吉林 | 辖区内企业 | 四川 | 范围未知 |
| 黑龙江 | 重点排污单位 | 贵州 | 政策文件中未涉及 |
| 江苏 | 设区的市级以上生态环境主管部门确定的重点排污单位；列入污染源日常监管的单位；纳入排污许可管理的单位；卫生、社会与服务业有污染物排放的单位；有环境行为信息记录的单位 | 西藏 | 污染物排放总量大、环境风险高、生态环境影响大的 9 类企业 |
| 安徽 | 污染物排放总量大、环境风险高、生态环境影响大的企业 | 陕西 | 4 市 202 家国家重点监控企业（2019 年） |
| 福建 | 污染物排放总量大、环境风险高、生态环境影响大、环境违法问题突出的企业 | 甘肃 | 省级生态环境部门按年度确定全省开展环境保护标准化建设和环境信用评价工作企业的数量，各市（州）生态环境部门按照省级生态环境部门确定的辖区开展试点企业的数量，具体确定试点企业名单，报省级生态环境部门审核后，由省级生态环境部门统一公布，并通报给有关部门 |

| 区域 | 评价范围 | 区域 | 评价范围 |
|------|---------|------|---------|
| 江西 | 评价年度生态环境部下达的重点排污单位名单所列企业 | 宁夏 | 国控、区控重点企业和地方重点企业 |
| 山东 | 本省行政区域内企业 | 新疆 | 纳入排污许可管理的排污单位、从事环境服务的企业和其他应当纳入环境信用评价的企业 |
| 青海 | 本省重点排污单位 | 广东 | 1 200家国家重点监控企业（2018年度） |

表 11-3　环境信用评价文件评级分类情况

| 地区（单位） | 等级划分 | 评分规则 |
|------------|---------|---------|
| 生态环境部 | 四级 | 计分制 |
| 长三角区域 | 五级 | 得分制 |
| 浙江省 | 五级 | 得分制 |
| 山东省 | 五级 | 记分制 |
| 四川省 | 四类 | 计分制 |
| 河南省 | 四类 | 计分制 |
| 深圳市 | 四类 | 计分制 |
| 江苏省 | 五级 | 计分制 |
| 辽宁省 | 四类 | 计分制 |

　　披露渠道以政府网站为主。国家规定企业环境信用评价信息的公开方式包括政府网站、报纸等媒体或者新闻发布会等形式。河北省、辽宁省、吉林省等 22 个省（区、市）采用政府网站和报纸、微信公众号、微博等媒体或者新闻发布会等方式公开，辽宁省、黑龙江省、福建省、河南省、海南省、贵州省、陕西省 7 个省在环境信用评价管理系统或平台公开。总体来看，各省（区、市）在披露评价结果渠道的选择上仍以政府网站，报纸、微信公众号、新闻发布会等渠道为主，环境信用管理

系统或平台、信用中国等渠道使用较少（表11-4）。

表 11-4　各省（区、市）企业环境信用评价结果信息公开渠道情况

| 省（区、市） | 信息公开渠道 |
| --- | --- |
| 河北省 | 官网公布 |
| 辽宁省 | 企业环境信用评价管理系统、官网 |
| 吉林省 | 生态环境部门官方门户网站、信用吉林 |
| 黑龙江省 | 生态环境部门网站、政府网站、报纸 |
| 江苏省 | 企事业环保信用评价系统 |
| 浙江省 | 生态环境主管部门门户网站、信用浙江、浙江生态环境官方微博微信 |
| 安徽省 | 省生态环境厅门户网站、信用安徽、省级媒体 |
| 福建省 | 省级生态环境部门网站建设环境信用评价公示平台 |
| 江西省 | 省生态环境厅网站 |
| 山东省 | 部门官网 |
| 河南省 | 省公共信用信息平台、信用中国（河南）、部门门户网站 |
| 湖北省 | 企业环境信用记分实时情况和评价结果应依法公开，接受社会监督 |
| 湖南省 | 公众网站或公众媒体 |
| 海南省 | 海南省环境信用评价系统 |
| 贵州省 | 省生态环境厅官网、贵州省环境信用信息管理系统 |
| 陕西省 | 省公共信用平台、政府网站、报纸等媒体或者新闻发布会 |
| 甘肃省 | 政府网站、省级媒体 |
| 青海省 | 信用中国（青海） |
| 内蒙古自治区 | 厅部门网站、报纸等媒体或者新闻发布会 |
| 广西壮族自治区 | 生态环境主管部门网站 |
| 西藏自治区 | 官方网站、公众媒体 |
| 宁夏回族自治区 | 生态环境部门网站 |
| 重庆市 | 政府网站、报纸、微信公众号等媒体或者新闻发布 |

社会组织积极开展环保信用评价工作。从社会组织参与评价来看，以协会和机构为主体开展信用评价和结果公开。有关协会机构自行制定评价标准，评价结果既作为内部规范管理依据，也向社会公开供利益相关方参考。例如，中国环保产业协会制定了环保企业信用评价管理办法和评价管理细则，对协会会员单位综合信用情况进行评价。中国环境监测总站制定了星级评价标准，对国家生态环境监测网运维单位服务质量进行了星级评价。

## 11.5 绿色供应链管理

绿色供应链管理要求不断聚焦和落地。2023年11月，工业和信息化部、国家发展改革委、商务部、市场监管总局印发《纺织工业提质升级实施方案（2023—2025年）》，要求"加快纺织绿色工厂、绿色产品、绿色供应链、绿色园区建设。提升企业管理水平。支持印染企业加强生产管理、深化现场管理、强化安全管理、完善绿色供应链管理，提升现代化管理水平。引导企业建立化学品绿色供应链管控体系"。2023年12月，工业和信息化部等8部门印发的《关于加快传统制造业转型升级的指导意见》要求"促进产业链供应链网络化协同。引导企业实施绿色化改造，大力推行绿色设计，开发推广绿色产品，建设绿色工厂、绿色工业园区和绿色供应链"。2024年1月19日，工业和信息化部制定并发布《绿色工厂梯度培育及管理暂行办法》，成为开展绿色工厂梯度培育及管理的行政规范性文件。

绿色制造标准取得突破性进展。2023年10月，《绿色制造 术语》（GB/T 28612—2023）和《绿色制造 属性》（GB/T 28616—2023）两项国家标准发布，并于2024年1月1日起正式实施。该两项国家标准由工业和信息化部提出，全国绿色制造技术标准化技术委员会归口，界定了绿色制造的相关术语和定义，以及绿色制造属性分类的基本原则、分类体系和相关说明。标准明确提出，进入新发展阶段，绿色制造是一种低消耗、低排放、高效率、高效益的现代化制造模式。其本质是制造业发展过程中统筹考虑产业结构、能源资源、生态环境、健康安全、气候变化等因素，将绿色发展理念和管理要求贯穿于产品全生命周期中，以制造模式的深度变革推动传统产业绿色转型升级，引领新兴产业高起点绿色发展，协同推进降碳、减污、扩绿、增长，从而实现经济效益、生态效益、社会效益协调优化。

以绿色工厂、绿色工业园区、绿色供应链管理企业、绿色产品为基础的绿色制造体系逐步构建。作为国民经济的主体，制造业是生产方式和产业结构绿色低碳转型的关键所在。中共中央、国务院发布的《关于全面推进美丽中国建设的意见》提出，建立绿色制造体系和服务体系。"十三五"时期以来，工业和信息化部以重大工程、项目为牵引，着力推进绿色工厂、绿色工业园区、绿色供应链和绿色产品建设，推动构建并完善绿色制造体系。2023 年 3 月，工业和信息化部公布 2022 年度绿色制造名单，2024 年 1 月公布 2023 年度绿色制造名单。同时，广东、黑龙江、陕西、内蒙古等多地也在积极推动绿色制造体系建设。截至 2024 年 1 月，国家层面累计培育绿色工厂 5 095 家、绿色工业园区 371 家、绿色供应链管理企业 605 家、绿色产品近 3.5 万个，带动地方累计创建省市级绿色工厂超 6 000 家、绿色工业园区近 300 家、绿色供应链管理企业近 200 家，各行业、各地区绿色制造水平不断提升。

**专栏 11-1 典型国家级绿色供应链管理示范企业经验做法**

绿色供应链评价是工业和信息部为贯彻落实《中国制造 2025》《绿色制造工程实施指南 (2016—2020 年) 》，加快推进绿色制造，在 2017 年正式启动的绿色制造体系项目，旨在通过标杆效应，助力工业领域实现"双碳"目标，以推进工业绿色发展、提升我国制造企业绿色供应链管理水平。截至 2024 年 1 月，已有国家级绿色供应链管理企业 605 家。

徐工集团作为国家级绿色供应链管理示范企业，通过把稳供应商准入关、组织常态化培训班、将绿色指标纳入考核体系等方式，使供应链融入绿色发展理念，打造产业发展的绿色生态。一是通过设置绿色准入门槛和绿色采购标准，倒逼链上企业绿色生产。二是制定"供应链同盟军减排行动"等多项计划，对供应商"三废"纳入统一管理、统一信息披露。2022 年 8 月，徐工集团组织培训班，向 12 家驾驶室、操纵室供应商介绍徐工集团绿色发展目标、采取举措和具体要求。三是绩效考核引入绿色指标，不同的考核结果也对应不同的合作政策，对一批连续数年被评为"战略型"的供应商，徐工集团设置了加大采购比例、享有新品优先开发权等一系列奖励机制。

绿色供应链体系建设成为地方工业领域碳达峰的重要抓手。2023 年 1 月，江苏省发布《工业领域及重点行业碳达峰实施方案》，要求"建立绿色低碳供应链管理体系。支持汽车、电子、化工、机械、大型成套装备等行业中影响力大、管理水平高的龙头企业，开展绿色低碳供应链示范企业建设，择优创建一批国家级绿色供应链管理企业"。2023 年 3 月，河北省、河南省、浙江省等发布本省的工业领域碳达峰实施方案。其中，河北省工业领域碳达峰实施方案要求实施数字赋能工业绿色低碳转型行动，在汽车、机械、电子、船舶、轨道交通、航空航天等行业打造数字化协同的绿色供应链产业链。河南省工业领域碳达峰实施方案要求构建绿色低碳供应链，鼓励"一链一策"制定低碳发展方案，优化绿色低碳供应链遴选机制，发挥供应链核心企业的行业影响力和纽带作用，引导绿色供应链企业发布核心供应商碳减排成效报告。浙江省工业领域碳达峰实施方案要求以汽车、电子电器、通信、大型成套装备、纺织等行业龙头企业为重点，推进绿色供应链建设。

机构研讨与经验分享持续推进。2023 年 4 月 11 日，2023 年绿色供应链创新发展论坛于北京京东总部举行，来自政府、行业协会、企业的百余位嘉宾齐聚一堂，共同见证物流行业构建绿色供应链的新成果，共商全球供应链的绿色创新发展之路，同时，京东物流与中华环保联合会绿色供应链专委会联合发布了"供应链碳管理平台"。工业和信息化部国际经济技术合作中心于 8 月 15 日"生态日"当天发起"绿色供应链服务企业行"活动。10 月由公众环境研究中心（IPE）与海因里希·伯尔基金会（德国）北京代表处共同主办的 2023 年绿色供应链暨气候行动论坛在北京举办，公众环境研究中心发布了第十期绿色供应链 CITI 指数年度报告和第六期供应链气候行动 CATI 指数年度报告。报告显示，在环境信息公开的引导下，10 年来绿色供应链建设取得重要进展，为我国环境治理和全球气候行动提供了积极助力。

## 11.6  小结

### 11.6.1  存在的问题

环境信息披露及 ESG 披露标准仍需进一步统一。现阶段的披露标准仍需进一步规范，现行披露标准过于单一，没有针对性，不适用于所有企业，企业难以自行识别和报告其与具体标准的一致性。大部分企业只是在满足官方的有限披露要求或市场的需求下披露信息，而不是真正意义上的完整披露，以至于投资者和监管机构难以完成正常的企业评估。

环保"领跑者"制度实施推进严重滞后。目前，国家高度重视能效、"水效领跑者"制度实践与实施，制定相关"领跑"标杆标准，开展"领跑者"遴选评选工作，全国各地也积极参与申报和开展地方实践工作。在国家"十四五"规划、工业绿色发展规划、节水型社会建设规划等十余项国家规划和政策文件中明确了"完善能效、'水效领跑者'制度"的部署和要求。但是在环保方面，自从发布了《环保"领跑者"制度实施方案》，实施工作一直没有实质性进展，相关制度实施研究和落地工作处于停滞状态，各行业环保先进标杆的示范作用有待进一步提升。

环境信用体系建设进展较慢。2021 年 3 月，国家发展改革委印发《关于全面实施环保信用评价的指导意见（征求意见稿）》，国家层面环保信用评价进展较慢。国家层面缺乏专门立法，目前环保信用体系建设主要是由指导性文件来推动和倡导，政策效力较弱。信用评价覆盖程度不高。大多数已开展的地方评价范围仅限于重点排污单位，即使是走在全国前列的省级行政区，参评仍然没有实现污染源企业全覆盖。信用评价社会化程度不高，在企业环境信用评价的全过程中，公众及社会组织的直接参与度不够。

绿色供应链管理机制无法支撑绿色供应链管理需求。当前我国虽然出台了一系列政策措施来推动相关主体开展绿色供应链管理工作，然而无论从理念意识上还是政策制度上，绿色供应链管理尚未得到足够的重视和应用。目前，我国涉及产业链供应链发展的政策制度中，绿色化发展的要求相对较少、较弱。同时，绿色供应链管理推动工作涉及的相应管理职能分属发改、生态环境、工信、商务、市场监管等多部门，尚未形成统一联动的协调机制。另外，我国尚未建立统一、规范、完备的管理准则、产品认证标准及评价体系。

## 11.6.2 发展方向

"ESG 中国标准"需加快统一与完善。一是尽快在国家层面建立跨行业、跨领域的 ESG 标准化统筹协调机制，整体规划、推动形成统一协调的 ESG 标准体系。二是加强 ESG 标准化工作与政策衔接，充分发挥标准对政策的支撑作用，特别是在绿色金融、气候投融资、产业绿色低碳转型等相关领域，加强标准对政策的支撑作用。三是加快制定 ESG 关键技术标准，针对产业链供应链上不同类型企业分类、分步实施。

强化环保"领跑者"制度的基础研究和试点实施。一是要进一步针对水、大气、土壤等要素，针对 VOCs、碳排放、氮磷等关键污染因子开展环保"领跑者"制度试点研究，选择试点产品及行业，设计相关"领跑者"遴选具体指标和遴选程序及要求，有序推进生态环保领跑者制度试点落地，遴选行业生态环保先进领跑标杆，设计激励机制，引导各行业向领跑企业看齐，有序提升全行业环保绩效。

加快推进环境信用体系建设工作。推动企业环保信用评价相关立法工作，将环保信用制度作为社会信用管理立法的一个重要板块，以增加信用法律效力。鼓励符合条件的第三方信用服务机构向失信市场主体提供信用报告、信用管理咨询等服务。研究推进环保信用修复工作，构建科学合理的环境信用修复机制作为失信惩戒制度有效补充。

提升《环境保护综合名录》对美丽中国建设以及高水平保护和高质量发展支撑作用。深入贯彻党的二十大和全国生态环境保护大会精神，坚持以产品（工艺）作为主要研究对象和政策切入点，以推动环境政策与经济政策融合、精准推动重点行业绿色低碳转型为主要目标，强化《环境保护综合名录》工作对减污降碳协同增效、深入打好污染防治攻坚战标志性战役重点任务、新污染物治理等生态环境治理重大需求支撑的精准度，健全《环境保护综合名录》工作机制、强化政策协同增效，大幅提升《环境保护综合名录》对美丽中国建设以及高水平保护和高质量发展支撑作用。

完善绿色供应链管理的工作机制和政策体系。针对绿色供应链管理跨部门、跨领域的工作特点，不断推动建立多部门协调机制，实现绿色供应链管理与其各自职能的融合与协同。加强绿色供应链管理政策制度研究及其成果转化，建立健全技术标准体系，引导和规范绿色供应链实践。最后通过倡导绿色生活方式引导绿色消费，为实施绿色供应链管理营造良好社会氛围。

# 附　件

## 附件 1　2023 年国家层面出台的环境经济政策情况

| 序号 | 政策名称 | 发布部门 | 发布时间 | 政策类型 | 政策来源 |
|---|---|---|---|---|---|
| 1 | 关于印发《"十四五"噪声污染防治行动计划》的通知 | 生态环境部、中央文明办、国家发展改革委、教育部等 16 个部门 | 2023 年 1 月 3 日 | 综合类政策 | https://www.mee.gov.cn/xxgk 2018/xxgk/xxgk03/202301/t2 0230109_1012074.html? keywords= |
| 2 | 中共中央办公厅　国务院办公厅印发《关于加强新时代水土保持工作的意见》 | 中共中央办公厅、国务院办公厅 | 2023 年 1 月 3 日 | 综合类政策 | https://www.mee.gov.cn/zcwj/ zyygwj/202301/t20230103_10 09406.shtml? keywords= |
| 3 | 关于发布《生态环境档案管理规范　建设项目生态环境保护》等两项国家生态环境标准的公告 | 生态环境部 | 2023 年 1 月 4 日 | 综合类政策 | https://www.mee.gov.cn/xxgk 2018/xxgk/xxgk01/202301/t2 0230129_1014066.html? keywords= |

156

| 序号 | 政策名称 | 发布部门 | 发布时间 | 政策类型 | 政策来源 |
|---|---|---|---|---|---|
| 4 | 关于印发《国家清洁生产先进技术目录（2022）》的通知 | 生态环境部办公厅、国家发展改革委办公厅、工业和信息化部办公厅 | 2023年1月9日 | 行业环境经济政策 | https://www.mee.gov.cn/xxgk2018/xxgk/xxgk06/202301/t20230113_1012738.html?keywords= |
| 5 | 失信行为纠正后的信用信息修复管理办法（试行） | 国家发展改革委 | 2023年1月13日 | 行业政策 | https://www.gov.cn/zhengce/2023-01/17/content_5737788.htm |
| 6 | 国家发展改革委等部门关于印发电解锰等两项行业清洁生产评价指标体系的通知 | 国家发展改革委、生态环境部、工业和信息化部 | 2023年1月15日 | 行业环境经济政策 | https://www.mee.gov.cn/xxgk2018/xxgk/xxgk10/202302/t20230217_1016683.html?keywords= |
| 7 | 国家发展改革委等部门关于修订印发《煤矿安全改造中央预算内投资专项管理办法》的通知 | 国家发展改革委等部门 | 2023年1月17日 | 行业环境经济政策 | https://www.ndrc.gov.cn/xxgk/zcfb/ghxwj/202302/t20230202_1348268.html |
| 8 | 关于推荐先进固体废物和土壤污染防治技术的通知 | 生态环境部办公厅 | 2023年1月18日 | 综合类政策 | https://www.mee.gov.cn/xxgk2018/xxgk/xxgk06/202301/t20230129_1014065.html?keywords= |
| 9 | 国家发展改革委 住房城乡建设部 生态环境部印发《关于推进建制镇生活污水垃圾处理设施建设和管理的实施方案》 | 国家发展改革委、住房城乡建设部、生态环境部 | 2023年1月18日 | 综合类政策 | https://www.ndrc.gov.cn/xxgk/jd/jd/202301/t20230118_1347001.html |
| 10 | 生态环境统计管理办法 | 生态环境部 | 2023年1月18日 | 综合类政策 | https://www.gov.cn/gongbao/content/2023/content_5754536.htm |

157

| 序号 | 政策名称 | 发布部门 | 发布时间 | 政策类型 | 政策来源 |
|---|---|---|---|---|---|
| 11 | 关于做好国土空间总体规划环境影响评价工作的通知 | 生态环境部办公厅、自然资源部办公厅 | 2023 年 1 月 20 日 | 综合类政策 | https://www.gov.cn/zhengce/zhengceku/2023-01/30/content_5739157.htm |
| 12 | 国新办发布会解读《新时代的中国绿色发展》白皮书 绿色发展提升经济增长含金量、含绿量 | 国务院新闻办公室 | 2023 年 1 月 20 日 | 综合类政策 | https://www.gov.cn/zhengce/2023-01/20/content_5738150.htm |
| 13 | 人民银行延续实施碳减排支持工具等 3 项结构性货币政策工具 | 中国人民银行 | 2023 年 1 月 29 日 | 行业环境经济政策 | https://www.gov.cn/xinwen/2023-01/29/content_5739092.htm |
| 14 | 国务院关于《长三角生态绿色一体化发展示范区国土空间总体规划（2021—2035 年）》的批复 | 国务院 | 2023 年 2 月 4 日 | 综合类政策 | https://www.gov.cn/zhengce/content/2023-02/21/content_5742406.htm |
| 15 | 关于做好 2023—2025 年发电行业企业温室气体排放报告管理有关工作的通知 | 生态环境部办公厅 | 2023 年 2 月 4 日 | 行业环境经济政策 | https://www.mee.gov.cn/xxgk2018/xxgk/xxgk06/202302/t20230207_1015569.html?keywords= |
| 16 | 水利部 农业农村部 国家林业和草原局 国家乡村振兴局关于加快推进生态清洁小流域建设的指导意见 | 水利部等部门 | 2023 年 2 月 8 日 | 综合类政策 | https://www.gov.cn/zhengce/zhengceku/2023-02/15/content_5741554.htm |
| 17 | 生态环境部关于印发《生态保护红线生态环境监督办法（试行）》的通知 | 生态环境部 | 2022 年 12 月 27 日 | 综合类政策 | https://www.gov.cn/gongbao/content/2023/content_5741259.htm |

| 序号 | 政策名称 | 发布部门 | 发布时间 | 政策类型 | 政策来源 |
|---|---|---|---|---|---|
| 18 | 环境监管重点单位名录管理办法 | 生态环境部 | 2022年11月28日 | 综合类政策 | https://www.gov.cn/gongbao/content/2023/content_5741256.htm |
| 19 | 银行业保险业贯彻落实《国务院关于支持山东深化新旧动能转换推动绿色低碳高质量发展的意见》实施意见的通知 | 中国银保监会办公厅 | 2023年2月14日 | 行业环境经济政策 | http://www.cbimc.cn/content/2023-02-20/content_477408.html |
| 20 | 关于金融支持横琴粤澳深度合作区建设的意见 | 中国人民银行、银保监会、证监会、外汇局、广东省人民政府 | 2023年2月17日 | 行业环境经济政策 | https://www.gov.cn/zhengce/zhengceku/2023-02-23/content_5743034.htm |
| 21 | 关于金融支持前海深港现代服务业合作区全面深化改革开放的意见 | 中国人民银行、银保监会、证监会、外汇局、广东省人民政府 | 2023年2月17日 | 行业环境经济政策 | https://www.gov.cn/zhengce/zhengceku/2023-02-23/content_5743026.htm |
| 22 | 重点管控新污染物清单（2023年版） | 生态环境部、工业和信息化部、农业农村部、商务部、海关总署、市场监督管理总局 | 2022年12月29日 | 综合类政策 | https://www.gov.cn/gongbao/content/2023/content_5742208.htm |
| 23 | 关于2022年下半年环评信用管理对象列入"黑名单"情况的通报 | 生态环境部办公厅 | 2023年2月15日 | 行业政策 | https://www.mee.gov.cn/xxgk2018/xxgk/xxgk06/202302/t20230222_1017083.html |

| 序号 | 政策名称 | 发布部门 | 发布时间 | 政策类型 | 政策来源 |
|------|----------|----------|----------|----------|----------|
| 24 | 关于印发《黄河流域生态保护和高质量发展联合研究管理暂行规定》的通知 | 生态环境部、科技与财务司 | 2023年2月24日 | 综合类政策 | https://www.mee.gov.cn/xxgk2018/xxgk/sthjbsh/202303/t20230302_1018215.html?keywords= |
| 25 | 国家发展改革委等9部门联合印发《关于统筹节能降碳和回收利用 加快重点领域产品设备更新改造的指导意见》 | 国家发展改革委等9部门 | 2023年2月20日 | 综合类政策 | https://www.ndrc.gov.cn/xxgk/zcfb/tz/202302/t20230224_1349405.html |
| 26 | 国家能源局关于印发加快油气勘探开发与新能源融合发展行动方案（2023—2025年）的通知 | 国家能源局 | 2023年2月27日 | 综合类政策 | http://zfxxgk.nea.gov.cn/2023-02/27/c_1310704758.htm |
| 27 | 关于发布国家生态环境标准《铸造工业大气污染防治可行技术指南》的公告 | 生态环境部 | 2023年3月6日 | 综合类政策 | https://www.mee.gov.cn/xxgk2018/xxgk/xxgk01/202303/t20230327_1022032.html?keywords= |
| 28 | 国家发展改革委 市场监管总局关于进一步加强节能标准更新升级和应用实施的通知 | 国家发展改革委、市场监督总局 | 2023年3月8日 | 综合类政策 | https://www.gov.cn/zhengce/zhengceku/2023-03/20/content_5747524.htm |
| 29 | 工业节能监察办法 | 工业和信息化部 | 2022年12月22日 | 综合类政策 | https://www.gov.cn/gongbao/content/2023/content_5745289.htm |
| 30 | 关于做好2021、2022年度全国碳排放权交易配额分配相关工作的通知 | 生态环境部 | 2023年3月13日 | 环境价格政策 | https://www.mee.gov.cn/xxgk2018/xxgk/xxgk03/202303t20230315_1019707.html?keywords= |

160

| 序号 | 政策名称 | 发布部门 | 发布时间 | 政策类型 | 政策来源 |
|---|---|---|---|---|---|
| 31 | 2021、2022 年度全国碳排放权交易配额总量设定与分配实施方案（发电行业） | 生态环境部 | 2023 年 3 月 13 日 | 环境权益政策 | https://www.gov.cn/zhengce/zhengceku/2023-03/16/content_5747106.htm？eqid=e1e8f44c0012dd9c0000000464706594 |
| 32 | 关于组织开展农村能源革命试点县建设的通知 | 国家能源局、生态环境部、农业农村部、国家乡村振兴局 | 2023 年 3 月 15 日 | 综合类政策 | http://zfxxgk.nea.gov.cn/2023-03/15/c_1310705024.htm |
| 33 | 关于向社会公开征求《绿色产业指导目录（2023 年版）》（征求意见稿）意见的公告 | 国家发展改革委 | 2023 年 3 月 16 日 | 行业环境经济政策 | https://yyglxxbsgw.ndrc.gov.cn/htmls/article/article.html？articleId=2c97d16b-8678801b-0186-e9501f66-0000 |
| 34 | 八部门联合印发通知——补短板强弱项，建设健康中国美丽中国 | 国家发改委等八部门 | 2023 年 3 月 20 日 | 综合类政策 | https://www.gov.cn/zhengce/2023-03/20/content_5747532.htm |
| 35 | 关于印发《政府采购支持绿色建材促进建筑品质提升政策项目实施指南》的通知 | 财政部办公厅、住房城乡建设部办公厅、工业和信息化部办公厅 | 2023 年 3 月 22 日 | 综合类政策 | https://www.gov.cn/zhengce/zhengceku/2023-03/28/content_5748754.htm |
| 36 | 关于印发《碳达峰碳中和标准体系建设指南》的通知 | 国家标准委、国家发展改革委、工业和信息化部等部门 | 2023 年 4 月 1 日 | 综合类政策 | https://www.mee.gov.cn/xxgk2018/xxgk/xxgk10/202304/t20230424_1028080.html？keywords= |

| 序号 | 政策名称 | 发布部门 | 发布时间 | 政策类型 | 政策来源 |
|---|---|---|---|---|---|
| 37 | 关于印发农业相关转移支付资金管理办法的通知 | 财政部、农业农村部 | 2023 年 4 月 7 日 | 行业环境经济政策 | https://nys.mof.gov.cn/czpjZhengCeFaBu_2_2/202304/t20230426_3881319.htm |
| 38 | 关于修改《节能减排补助资金管理暂行办法》的通知 | 财政部 | 2023 年 4 月 7 日 | 环境价格政策 | https://www.gov.cn/zhengce/zhengceku/2023-04/24/content_5752916.htm |
| 39 | 新修订的《固定资产投资项目节能审查办法》颁布——为节能降碳提供有力支撑 | 国家发展改革委 | 2023 年 4 月 10 日 | 综合类政策 | https://www.gov.cn/zhengce/2023-04/10/content_5750610.htm |
| 40 | 关于发布国家生态环境标准《生态保护红线监管数据互联互通接口技术规范》的公告 | 生态环境部 | 2023 年 4 月 15 日 | 综合类政策 | https://www.mee.gov.cn/xxgk2018/xxgk/xxgk01/202304/t20230425_1028208.html?keywords= |
| 41 | 关于发布《水生态监测技术指南 河流水生生物监测与评价（试行）》等两项国家生态环境标准的公告 | 生态环境部 | 2023 年 4 月 20 日 | 综合类政策 | https://www.mee.gov.cn/xxgk2018/xxgk/xxgk01/202305/t20230511_1029703.html?keywords= |
| 42 | 关于下达 2023 年中央对地方重点生态功能区转移支付预算的通知 | 财政部 | 2023 年 4 月 21 日 | 行业环境经济政策 | http://yss.mof.gov.cn/ybxzyzf/zdstgnqzyzf/202305/t20230508_3883153.htm |
| 43 | 《绿色产业指导目录（2023 年版）》（征求意见稿） | 国家发展改革委 | 2023 年 4 月 21 日 | 行业环境经济政策 | https://www.ndrc.gov.cn/hdjl/yjzq/yjfk/lscyzdml2023/202304/t20230421_1353963.html |

| 序号 | 政策名称 | 发布部门 | 发布时间 | 政策类型 | 政策来源 |
|---|---|---|---|---|---|
| 44 | 住房和城乡建设部办公厅关于印发城市黑臭水体治理及生活污水处理提质增效长效机制建设工作经验的通知 | 住房和城乡建设部办公厅 | 2023年5月6日 | 综合类政策 | https://www.mohurd.gov.cn/gongkai/zhengce/zhengcefilelib/202305/20230510_771951.html |
| 45 | 关于印发《危险废物重大工程建设总体实施方案（2023—2025年）》的通知 | 生态环境部、国家发展改革委 | 2023年5月8日 | 综合类政策 | https://www.mee.gov.cn/xxgk2018/xxgk/xxgk03/202305/t20230509_1029446.html?keywords=` |
| 46 | 国家发展改革委 国家能源局关于加快推进充电基础设施建设 更好支持新能源汽车下乡和乡村振兴的实施意见 | 国家发展改革委、国家能源局 | 2023年5月14日 | 综合类政策 | https://www.ndrc.gov.cn/xxgk/zcfb/tz/202305/t20230517_1355814.html |
| 47 | 自然资源部办公厅关于开展2023年度矿山地质环境保护与土地复垦"双随机、一公开"监督检查工作的通知 | 自然资源部办公厅 | 2023年5月16日 | 综合类政策 | https://www.gov.cn/zhengce/zhengceku/202305/content_6876153.htm |
| 48 | 国家能源局综合司关于公开征求《关于进一步规范可再生能源发电项目电力业务许可管理有关事项的通知（征求意见稿）》意见的通知 | 国家能源局综合司 | 2023年5月19日 | 综合类政策 | https://www.nea.gov.cn/2023-05/25/c_1310721534.htm |

| 序号 | 政策名称 | 发布部门 | 发布时间 | 政策类型 | 政策来源 |
|---|---|---|---|---|---|
| 49 | 商务部办公厅 发展改革委办公厅 工业和信息化部办公厅 市场监管总局办公厅关于做好 2023 年促进绿色智能家电消费工作的通知 | 商务部办公厅等 | 2023 年 5 月 22 日 | 行业环境经济政策 | https://www.gov.cn/zhengce/zhengceku/202307/content_6891945.htm |
| 50 | 中共中央 国务院印发《国家水网建设规划纲要》 | 中共中央、国务院 | 2023 年 5 月 25 日 | 综合类政策 | https://www.gov.cn/zhengce/202305/content_6876215.htm |
| 51 | 关于印发《长江流域水生态考核指标评分细则（试行）》的通知 | 生态环境部办公厅等部门 | 2023 年 6 月 5 日 | 综合类政策 | https://www.mee.gov.cn/xxgk2018/xxgk/xxgk05/202308/t20230824_1039240.html |
| 52 | 国家发展改革委等部门关于发布《工业重点领域能效标杆水平和基准水平（2023 年版）》的通知 | 国家发展改革委等部门 | 2023 年 6 月 6 日 | 行业环境经济政策 | https://www.gov.cn/zhengce/zhengceku/202307/content_6890009.htm |
| 53 | 财政部 生态环境部 水利部 国家林草局关于延续黄河全流域建立横向生态补偿机制支持引导政策的通知 | 财政部等部门 | 2023 年 6 月 6 日 | 行业环境经济政策 | http://www.mof.gov.cn/gkml/caizhengwengao/wg2023/wg202307/202311/t20231124_3918177.htm |
| 54 | 国务院办公厅关于进一步构建高质量充电基础设施体系的指导意见 | 国务院办公厅 | 2023 年 6 月 8 日 | 综合类政策 | https://www.gov.cn/zhengce/zhengceku/202306/content_6887168.htm |
| 55 | 商务部办公厅关于组织开展汽车促消费活动的通知 | 商务部办公厅 | 2023 年 6 月 8 日 | 行业环境经济政策 | https://www.gov.cn/zhengce/zhengceku/202306/content_6885692.htm |

| 序号 | 政策名称 | 发布部门 | 发布时间 | 政策类型 | 政策来源 |
|---|---|---|---|---|---|
| 56 | 关于印发《中国消耗臭氧层物质替代品推荐名录》的通知 | 生态环境部办公厅、工业和信息化部办公厅 | 2023年6月12日 | 综合类政策 | https://www.mee.gov.cn/xxgk2018/xxgk/xxgk06/202306/t20230614_1033678.html?keywords= |
| 57 | 关于延续和优化新能源汽车车辆购置税减免政策的公告 | 财政部、税务总局、工业和信息化部 | 2023年6月19日 | 环境税费政策 | https://szs.mof.gov.cn/zhengcefabu/202306/t20230620_3891500.htm |
| 58 | 市场监督管理总局发布绿色产品评价标准清单及认证目录（第四批）的公告 | 国家市场监督管理总局 | 2023年6月20日 | 行业政策 | https://www.cnca.gov.cn/zwxx/gg/zjgg/art/2023/art_697a6833802c414b85a1c88130ac6db9.html |
| 59 | 市场监督管理总局关于《2023年度实施企业标准"领跑者"重点领域》的公告 | 国家市场监督管理总局 | 2023年6月27日 | 行业政策 | https://www.samr.gov.cn/bzcxs/tzgg/art/2023/art_2948497b6ed8477eb53805172d06d44b.html |
| 60 | 国家发展改革委办公厅等关于补齐公共卫生环境设施短板 开展城乡环境卫生清理整治的通知 | 国家发展改革委办公厅等部门 | 2023年6月30日 | 综合类政策 | https://www.gov.cn/zhengce/zhengceku/202308/content_6900201.htm |
| 61 | 工业和信息化部办公厅关于组织开展2023年度工业节能诊断服务工作的通知 | 工业和信息化部办公厅 | 2023年7月11日 | 环境价格政策 | https://www.gov.cn/zhengce/zhengceku/202307/content_6892734.htm |
| 62 | 关于全国碳排放权交易市场2021、2022年度碳排放配额清缴相关工作的通知 | 生态环境部办公厅 | 2023年7月14日 | 环境价格政策 | https://www.mee.gov.cn/xxgk2018/xxgk/xxgk06/202307/t20230717_1036370.html?keywords= |
| 63 | 中共中央 国务院关于促进民营经济发展壮大的意见 | 中共中央、国务院 | 2023年7月14日 | 综合类政策 | https://www.gov.cn/zhengce/202307/content_6893055.htm |

| 序号 | 政策名称 | 发布部门 | 发布时间 | 政策类型 | 政策来源 |
|---|---|---|---|---|---|
| 64 | 关于组织申报 2024 年海洋生态保护修复工程项目的通知 | 财政部办公厅、自然资源部办公厅 | 2023 年 7 月 21 日 | 综合类政策 | https://zyhj.mof.gov.cn/zcfb/202308/t20230804_3900407.htm |
| 65 | 国家发展改革委 财政部国家能源局关于做好可再生能源绿色电力证书全覆盖工作 促进可再生能源电力消费的通知 | 国家发展改革委、财政部、国家能源局 | 2023 年 7 月 25 日 | 行业环境经济政策 | https://www.ndrc.gov.cn/xxgk/zcfb/tz/202308/t20230803_1359092.html |
| 66 | 国家发展改革委等部门关于印发《绿色低碳先进技术示范工程实施方案》的通知 | 国家发展改革委等部门 | 2023 年 8 月 4 日 | 行业环境经济政策 | https://www.ndrc.gov.cn/xxgk/zcfb/tz/202308/t20230822_1359995.html |
| 67 | 关于印发《石化化工行业稳增长工作方案》的通知 | 工业和信息化部、国家发展改革委、财政部、生态环境部、商务部、应急管理部、供销合作总社 | 2023 年 8 月 18 日 | 综合类政策 | https://www.gov.cn/gongbao/2023/issue_10786/202310/content_6912652.html |
| 68 | 关于加强财税支持政策落实 促进中小企业高质量发展的通知 | 财政部 | 2023 年 8 月 20 日 | 行业环境经济政策 | http://yss.mof.gov.cn/zhengceguizhang/202308/t20230824_3903984.htm |
| 69 | 国家知识产权局办公室关于印发《绿色技术专利分类体系》的通知 | 国家知识产权局办公室 | 2023 年 8 月 23 日 | 综合类政策 | https://www.gov.cn/zhengce/zhengceku/202308/content_6901253.htm |

| 序号 | 政策名称 | 发布部门 | 发布时间 | 政策类型 | 政策来源 |
|---|---|---|---|---|---|
| 70 | 国家发展改革委等部门关于印发《环境基础设施建设水平提升行动（2023—2025年）》的通知 | 国家发展改革委等部门 | 2023年7月25日 | 综合类政策 | https://www.ndrc.gov.cn/xxgk/zcfb/tz/202308/t20230824_1360060.html |
| 71 | 财政部　税务总局　国家发展改革委　生态环境部关于从事污染防治的第三方企业所得税政策问题的公告 | 财政部、税务总局、国家发展改革委、生态环境部 | 2023年8月24日 | 环境税费政策 | https://www.gov.cn/zhengce/zhengceku/202309/content_6902000.htm |
| 72 | 关于发布国家生态环境标准《生活垃圾焚烧发电厂现场监督检查技术指南》的公告 | 生态环境部 | 2023年8月29日 | 综合类政策 | https://www.mee.gov.cn/xxgk2018/xxgk/xxgk01/202309/t20230908_1040413.html?keywords= |
| 73 | 关于印发《地下水污染防治重点区划定技术指南（试行）》的通知 | 生态环境部办公厅、水利部办公厅、自然资源部办公厅 | 2023年8月31日 | 综合类政策 | https://www.mee.gov.cn/xxgk2018/xxgk/xxgk06/202309/t20230913_1040809.html?keywords= |
| 74 | 关于发布《入河入海排污口监督管理技术指南　整治总则》等两项国家生态环境标准的公告 | 生态环境部 | 2023年8月31日 | 综合类政策 | https://www.mee.gov.cn/xxgk2018/xxgk/xxgk01/202309/t20230908_1040420.html?keywords= |
| 75 | 国务院关于财政转移支付情况的报告 | 财政部部长 | 2023年9月4日 | 行业环境经济政策 | https://www.mof.gov.cn/zhengwuxinxi/caizhengxinwen/202309/t20230904_3905364.htm |
| 76 | 国家发展改革委　国家能源局关于印发《电力现货市场基本规则（试行）》的通知 | 国家发展改革委、国家能源局 | 2023年9月7日 | 行业环境经济政策 | https://www.ndrc.gov.cn/xxgk/zcfb/ghxwj/202309/t20230915_1360625.html |

167

| 序号 | 政策名称 | 发布部门 | 发布时间 | 政策类型 | 政策来源 |
|---|---|---|---|---|---|
| 77 | 关于发布国家生态环境标准《自然保护地生态环境调查与观测技术规范》的公告 | 生态环境部 | 2023年9月8日 | 综合类政策 | https://www.mee.gov.cn/xxgk2018/xxgk/xxgk01/202309/t20230920_1041311.html?keywords= |
| 78 | 国家发展改革委等部门关于印发《电力需求侧管理办法（2023年版）》的通知 | 国家发展改革委等部门 | 2023年9月15日 | 行业环境经济政策 | https://www.ndrc.gov.cn/xxgk/zcfb/ghxwj/202309/t20230927_1360902.html |
| 79 | 国家发展改革委等部门印发《关于进一步加强水资源节约集约利用的意见》 | 国家发展改革委等部门 | 2023年9月22日 | 综合类政策 | https://www.ndrc.gov.cn/xxgk/jd/jd/202309/t20230922_1360793.html |
| 80 | 住房和城乡建设部关于发布行业标准《生活垃圾渗沥液处理技术标准》的公告 | 住房和城乡建设部 | 2023年9月22日 | 综合类政策 | https://www.mohurd.gov.cn/gongkai/zhengce/zhengcefilelib/202311/20231107_774937.html |
| 81 | 中共中央办公厅国务院办公厅印发《深化集体林权制度改革方案》 | 中共中央办公厅、国务院办公厅 | 2023年9月25日 | 综合类政策 | https://www.gov.cn/zhengce/202309/content_6906251.htm |
| 82 | 国务院关于推进普惠金融高质量发展的实施意见 | 国务院 | 2023年9月25日 | 综合类政策 | https://www.gov.cn/gongbao/2023/issue_10786/202310/content_6912660.html |
| 83 | 国家发展改革委国家能源局关于印发《电力负荷管理办法（2023年版）》的通知 | 国家发展改革委、国家能源局 | 2023年9月7日 | 行业环境经济政策 | https://www.ndrc.gov.cn/xxgk/zcfb/ghxwj/202309/t20230927_1360904.html |

| 序号 | 政策名称 | 发布部门 | 发布时间 | 政策类型 | 政策来源 |
|---|---|---|---|---|---|
| 84 | 工业和信息化部等 4 部门关于印发绿色航空制造业发展纲要（2023—2035 年）的通知 | 工业和信息化部等 4 部门 | 2023 年 10 月 1 日 | 综合类政策 | https://wap.miit.gov.cn/zwgk/zcwj/wjfb/tz/art/2023/art_dbc0f76e69cb4e24b225f9afa16bcdbd.html |
| 85 | 国家发展改革委等部门关于促进炼油行业绿色创新高质量发展的指导意见 | 国家发展改革委等部门 | 2023 年 10 月 10 日 | 综合类政策 | https://www.ndrc.gov.cn/xxgk/zcfb/tz/202310/t20231025_1361500.html |
| 86 | 市场监管总局关于统筹运用质量认证服务碳达峰碳中和工作的实施意见 | 市场监管总局 | 2023 年 10 月 12 日 | 综合类政策 | https://www.gov.cn/zhengce/zhengceku/202310/content_6909637.htm |
| 87 | 关于印发《国家生态环境监测标准预研究工作细则（试行）》的通知 | 生态环境部生态环境监测司 | 2023 年 10 月 13 日 | 综合类政策 | https://www.mee.gov.cn/xxgk2018/xxgk/sthjbsh/202310/t20231018_1043470.html?keywords= |
| 88 | 关于做好 2023—2025 年部分重点行业企业温室气体排放报告与核查工作的通知 | 生态环境部办公厅 | 2023 年 10 月 14 日 | 综合类政策 | https://www.mee.gov.cn/xxgk2018/xxgk/xxgk06/202310/t20231018_1043427.html?keywords= |
| 89 | 国务院关于推动内蒙古高质量发展奋力书写中国式现代化新篇章的意见 | 国务院 | 2023 年 10 月 16 日 | 环境市场政策 | https://www.gov.cn/zhengce/zhengceku/202310/content_6909412.htm?trs=1 |
| 90 | 《数字经济和绿色发展国际经贸合作框架倡议》中英文本 | 商务部 | 2023 年 10 月 18 日 | 综合类政策 | http://gjs.mofcom.gov.cn/article/dongtai/202310/20231003446716.shtml |
| 91 | 《国家鼓励的工业节水工艺、技术和装备目录（2023 年）》 | 工业和信息化部、水利部 | 2023 年 10 月 18 日 | 行业政策 | https://www.miit.gov.cn/jgsj/jns/gzdt/art/2023/art_a42a6980610345b9bb9d14beb133a940.html |

169

| 序号 | 政策名称 | 发布部门 | 发布时间 | 政策类型 | 政策来源 |
|---|---|---|---|---|---|
| 92 | 温室气体自愿减排交易管理办法（试行） | 生态环境部、市场监管总局 | 2023年10月19日 | 行业环境经济政策 | https://www.mee.gov.cn/xxgk2018/xxgk/xxgk02/202310/t20231020_1043694.html？keywords= |
| 93 | 国家发展改革委关于印发《国家碳达峰试点建设方案》的通知 | 国家发展改革委 | 2023年10月20日 | 综合类政策 | https://www.ndrc.gov.cn/xxgk/zcfb/tz/202311/t20231106_1361804.html |
| 94 | 关于印发《地下水环境背景值统计表征技术指南（试行）》的通知 | 生态环境部办公厅 | 2023年10月23日 | 综合类政策 | https://www.mee.gov.cn/xxgk2018/xxgk/xxgk06/202310/t20231027_1044123.html |
| 95 | 关于发布国家生态环境标准《入河入海排污口监督管理技术指南 名词术语》的公告 | 生态环境部 | 2023年10月23日 | 综合类政策 | https://www.mee.gov.cn/xxgk2018/xxgk/xxgk01/202310/t20231027_1044116.html？keywords= |
| 96 | 住房和城乡建设部办公厅关于国家标准《基于项目的温室气体减排量评估技术规范 建筑用木质构配件（征求意见稿）》公开征求意见的通知 | 住房和城乡建设部办公厅 | 2023年10月23日 | 综合类政策 | https://www.mohurd.gov.cn/gongkai/zhengce/zhengcefilelib/202310/20231024_774762.html |
| 97 | 关于印发《温室气体自愿减排项目方法学造林碳汇（CCER-14-001-V01）》等4项方法学的通知 | 生态环境部办公厅 | 2023年10月24日 | 行业环境经济政策 | https://www.mee.gov.cn/xxgk2018/xxgk/xxgk06/202310/t20231024_1043877.html？keywords= |
| 98 | 关于印发《预算评审管理暂行办法》的通知 | 财政部 | 2023年10月28日 | 行业环境经济政策 | http://yss.mof.gov.cn/zhengceguizhang/202311/t20231110_3915905.htm |

| 序号 | 政策名称 | 发布部门 | 发布时间 | 政策类型 | 政策来源 |
|---|---|---|---|---|---|
| 99 | 国家能源局关于印发《可再生能源利用统计调查制度》的通知 | 国家能源局 | 2023年10月29日 | 综合类政策 | http://zfxxgk.nea.gov.cn/2023-10/29/c_1310750573.htm |
| 100 | 绿色制造系列国家标准发布 | 工业和信息化部 | 2023年10月30日 | 行业环境政策 | https://www.miit.gov.cn/xwdt/gxdt/sjdt/art/2023/art_13c286ae7096457584d05a5a51b3cf41.html |
| 101 | 关于印发《地下水生态环境监管系统数据编码及目录要求（试行）》的通知 | 生态环境部办公厅 | 2023年11月2日 | 综合类政策 | https://www.mee.gov.cn/xxgk2018/xxgk/xxgk06/202311/t20231107_1055325.html?keywords= |
| 102 | 国家发展改革委等部门印发《加快"以竹代塑"发展三年行动计划》 | 国家发展改革委等部门 | 2023年11月2日 | 综合类政策 | https://www.ndrc.gov.cn/xxgk/jd/jd/202311/t20231102_1361744.html |
| 103 | 住房和城乡建设部办公厅关于国家标准《生活垃圾焚烧炉渣集料（修订征求意见稿）》公开征求意见的通知 | 住房和城乡建设部办公厅 | 2023年11月3日 | 综合类政策 | https://www.mohurd.gov.cn/gongkai/zhengce/zhengcefilelib/202311/20231106_774914.html |
| 104 | 《关于规范实施政府和社会资本合作新机制的指导意见》 | 国家发展改革委、财政部 | 2023年11月3日 | 环境市场政策 | https://www.gov.cn/gongbao/2023/issue_10826/202311/content_6915818.html |
| 105 | 关于印发《2024年度氢氟碳化物配额总量设定与分配方案》的通知 | 生态环境部办公厅 | 2023年11月4日 | 行业环境经济政策 | https://www.mee.gov.cn/xxgk2018/xxgk/xxgk05/202311/t20231107_1055295.html?keywords= |
| 106 | 生态环境部等11部门关于印发《甲烷排放控制行动方案》的通知 | 生态环境部等11部门 | 2023年11月7日 | 行业环境经济政策 | https://www.mee.gov.cn/xxgk2018/xxgk/xxgk03/202311/t20231107_1055437.html?keywords= |

| 序号 | 政策名称 | 发布部门 | 发布时间 | 政策类型 | 政策来源 |
|---|---|---|---|---|---|
| 107 | 国家发展改革委国家能源局关于建立煤电容量电价机制的通知 | 国家发展改革委、国家能源局 | 2023 年 11 月 8 日 | 行业环境经济政策 | https://www.ndrc.gov.cn/xxgk/zcfb/tz/202311/t20231110_1361897.html |
| 108 | 工业和信息化部办公厅关于公布工业产品绿色设计示范企业名单（第五批）的通知 | 工业和信息化部办公厅 | 2023 年 11 月 9 日 | 综合类政策 | https://wap.miit.gov.cn/zwgk/zcwj/wjfb/tz/art/2023/art_ece4b69b0b534d9580936396c846945d.html |
| 109 | 国家发展改革委 水利部 市场监管总局关于印发中华人民共和国实行水效标识的产品目录（第四批）及水嘴水效标识实施规则的通知 | 国家发展改革委等部门 | 2023 年 11 月 10 日 | 行业环境经济政策 | https://www.ndrc.gov.cn/xxgk/zcfb/ghxwj/202311/t20231124_1362234.html |
| 110 | 关于加快建立产品碳足迹管理体系的意见 | 国家发展改革委等部门 | 2023 年 11 月 13 日 | 综合类政策 | https://www.ndrc.gov.cn/xxgk/zcfb/tz/202311/t20231124_1362231.html |
| 111 | 关于组织申报 2024 年历史遗留废弃矿山生态修复示范工程项目的通知 | 财政部办公厅、自然资源办公厅 | 2023 年 11 月 20 日 | 综合类政策 | https://zyhj.mof.gov.cn/zcfb/202312/t20231208_3920714.htm |
| 112 | 关于开展食品浪费抽样调查的通知 | 国家发展改革委办公厅、商务部办公厅 | 2023 年 11 月 22 日 | 行业环境经济政策 | https://www.ndrc.gov.cn/xxgk/zcfb/tz/202312/t20231218_1362710.html |
| 113 | 《温室气体自愿减排注册登记规则（试行）》《温室气体自愿减排项目设计与实施指南》 | 国家气候战略中心 | 2023 年 11 月 22 日 | 环境权益政策 | https://baijiahao.baidu.com/s?id=1783201630670547832&wfr=spider&for=pc |

172

| 序号 | 政策名称 | 发布部门 | 发布时间 | 政策类型 | 政策来源 |
|---|---|---|---|---|---|
| 114 | 关于印发《深入推进快递包装绿色转型行动方案》的通知 | 国家发展改革委等部门 | 2023年11月23日 | 综合类政策 | https://www.gov.cn/zhengce/zhengceku/202312/content_6920476.htm |
| 115 | 工业和信息化部办公厅关于印发通信行业绿色低碳标准体系建设指南（2023版）的通知 | 工业和信息化部办公厅 | 2023年11月24日 | 行业环境经济政策 | https://wap.miit.gov.cn/zwgk/zcwj/wjfb/tz/art/2023/art_d56aa668e015472d96fb4a6fab12820f.html |
| 116 | 城市社区嵌入式服务设施建设工程实施方案 | 国务院办公厅 | 2023年11月26日 | 综合类政策 | https://www.gov.cn/zhengce/content/202311/content_6917190.htm |
| 117 | 关于发布《土壤和沉积物19种金属元素总量的测定电感耦合等离子体质谱法》等9项国家生态环境标准的公告 | 生态环境部 | 2023年11月27日 | 综合类政策 | https://www.mee.gov.cn/xxgk2018/xxgk/xxgk01/202312/t20231208_1058561.html?keywords= |
| 118 | 国家发展改革委办公厅关于印发首批碳达峰试点名单的通知 | 国家发展改革委办公厅 | 2023年11月28日 | 综合类政策 | https://www.ndrc.gov.cn/xxgk/zcfb/tz/202312/t20231206_1362471.html |
| 119 | 国家发展改革委关于核定跨省天然气管道运输价格的通知 | 国家发展改革委 | 2023年11月28日 | 环境价格政策 | https://www.ndrc.gov.cn/xxgk/zcfb/tz/202312/t20231205_1362429.html |
| 120 | 关于印发《纺织工业提质升级实施方案（2023—2025年）》的通知 | 工业和信息化部、国家发展改革委、商务部、市场监管总局 | 2023年11月28日 | 行业环境政策 | https://www.gov.cn/zhengce/zhengceku/202312/content_6918720.htm |

173

| 序号 | 政策名称 | 发布部门 | 发布时间 | 政策类型 | 政策来源 |
|---|---|---|---|---|---|
| 121 | 关于印发《中华人民共和国实行能源效率标识的产品目录（第十六批）》及相关实施规则的通知 | 国家发展改革委、市场监管总局 | 2023 年 11 月 29 日 | 行业环境经济政策 | https://www.ndrc.gov.cn/xxgk/zcfb/ghxwj/202312/t20231214_1362611.html |
| 122 | 国家发展改革委等部门关于印发《锅炉绿色低碳高质量发展行动方案》的通知 | 国家发展改革委等部门 | 2023 年 11 月 29 日 | 行业环境经济政策 | https://www.ndrc.gov.cn/xxgk/zcfb/tz/202312/t20231219_1362772.html |
| 123 | 工业和信息化部等 6 部门关于组织开展 2023 年度国家绿色数据中心推荐工作的通知 | 工业和信息化部办公厅、国家发展改革委办公厅、商务部办公厅、国家机关事务管理局办公室、国家金融监管总局办公厅、国家能源局综合司 | 2023 年 12 月 5 日 | 行业环境经济政策 | https://wap.miit.gov.cn/zwgk/zcwj/wjfb/tz/art/2023/art_6c71f7f5c4f14128a683532ac7532200.html |
| 124 | 国务院关于印发《空气质量持续改善行动计划》的通知 | 国务院 | 2023 年 12 月 7 日 | 综合类政策 | https://www.gov.cn/zhengce/content/202312/content_6919000.htm |
| 125 | 中国证监会 国务院国资委关于支持中央企业发行绿色债券的通知 | 中国证监会、国务院国资委 | 2023 年 12 月 9 日 | 环境价格政策 | https://www.gov.cn/zhengce/zhengceku/202312/content_6919326.htm |

| 序号 | 政策名称 | 发布部门 | 发布时间 | 政策类型 | 政策来源 |
|---|---|---|---|---|---|
| 126 | 国家鼓励发展的重大环保技术装备目录（2023年版） | 工业和信息化部、生态环境部 | 2023年12月11日 | 行业政策 | https://www.gov.cn/zhengce/zhengceku/202402/content_6931386.htm |
| 127 | 关于印发《生态环境导向的开发（EOD）项目实施导则（试行）》的通知 | 生态环境部办公厅、国家发展改革委办公厅、中国人民银行办公厅、国家金融监管总局办公厅 | 2023年12月22日 | 行业环境经济政策 | https://www.mee.gov.cn/xxgk2018/xxgk/xxgk05/202401/t20240102_1060425.html |
| 128 | 温室气体自愿减排项目审定与减排量核查实施规则 | 国家市场监管总局 | 2023年12月27日 | 环境权益政策 | https://www.samr.gov.cn/zw/zfxxgk/fdzdgknr/rzjgs/art/2023/art_bb5b6265d5564d7396a733353a957770.html |
| 129 | 关于加快传统制造业转型升级的指导意见 | 工业和信息化部等8部门 | 2023年12月29日 | 行业环境政策 | https://www.miit.gov.cn/zwgk/zcwj/wjfb/yj/art/2023/art_7a64605ebcaf44628a738f8ce68f037a.html |

175

## 附件 2  2023 年地方层面出台的环境经济政策情况

| 序号 | 政策名称 | 发布部门 | 发布时间 | 政策类型 |
|---|---|---|---|---|
| 1 | 关于印发重庆市建设绿色金融改革创新试验区实施细则的通知 | 重庆市人民政府办公厅 | 2023 年 1 月 20 日 | 行业环境经济政策 |
| 2 | 重庆银行业保险业促进绿色消费高质量发展工作措施 | 国家金融监督管理总局重庆监管局、中国人民银行重庆市分行、重庆市发展和改革委员会、重庆市生态环境局、重庆市地方金融监督管理局 | 2023 年 11 月 27 日 | 行业环境经济政策 |
| 3 | 2023 年江西省绿色金融改革创新重点工作 | 江西省绿色金融改革创新工作领导小组办公室 | 2023 年 3 月 10 日 | 行业环境经济政策 |
| 4 | 关于印发山东省碳金融发展三年行动方案（2023—2025 年）的通知 | 山东省人民政府办公厅 | 2023 年 4 月 24 日 | 行业环境经济政策 |
| 5 | 关于组织开展省级生态环境导向的开发（EOD）模式试点工作的通知 | 浙江省生态环境厅、浙江省发展改革委、国家开发银行浙江省分行、中国农业发展银行浙江省分行 | 2023 年 5 月 10 日 | 行业环境经济政策 |
| 5 | 关于组织申报 2023 年度绿色债券贴息以及绿色担保奖补资金的通知 | 江苏省生态环境厅 | 2023 年 6 月 26 日 | 行业环境经济政策 |
| 6 | 关于深入推进绿色金融　助力工业绿色低碳发展的通知 | 黑龙江省工业和信息化厅、中国人民银行哈尔滨中心支行 | 2023 年 7 月 28 日 | 行业环境经济政策 |
| 7 | 关于推进绿色金融支持城乡建设绿色发展的通知 | 甘肃省住房和城乡建设厅、中国人民银行甘肃省分行、国家金融监督管理总局甘肃监管局、甘肃省地方金融监督管理局 | 2023 年 10 月 27 日 | 行业环境经济政策 |

| 序号 | 政策名称 | 发布部门 | 发布时间 | 政策类型 |
|---|---|---|---|---|
| 8 | 上海市财政支持做好碳达峰碳中和工作的实施意见 | 上海市财政局、上海市发展改革委 | 2023年12月4日 | 行业环境经济政策 |
| 9 | 深圳市绿色投资评估指引 | 深圳市地方金融监督管理局、中国人民银行深圳市分行、国家金融监督管理总局深圳监管局、中国证券监督管理委员会深圳监管局 | 2023年10月15日 | 行业环境经济政策 |
| 10 | 2023年广州金融支持实体经济高质量发展行动方案 | 广州市人民政府办公厅 | 2023年5月23日 | 行业环境经济政策 |
| 11 | 关于印发湖州市2023年绿色金融改革创新推进计划的通知 | 湖州市人民政府办公室 | 2023年5月10日 | 行业环境经济政策 |
| 12 | 关于开展第三方环保服务机构弄虚作假问题专项整治行动的通知 | 甘肃省公安厅、省人民检察院、省高级人民法院 | 2023年3月 | 环境市场政策 |
| 13 | 平凉市生态环境社会化第三方服务机构监督管理暂行办法 | 平凉市生态环境局 | 2023年2月10日 | 环境市场政策 |
| 14 | 关于开展省级生态环境导向的开发（EOD）模式工作的通知 | 安徽省生态环境厅 | 2023年9月21日 | 环境市场政策 |
| 15 | 江苏省生态环境导向开发模式（EOD）实施工作方案（试行） | 江苏生态环境厅、省发展改革委、省财政厅 | 2023年3月2日 | 环境市场政策 |
| 16 | 山东省建设绿色低碳高质量发展先行区三年行动计划（2023—2025年） | 山东省委、省政府 | 2023年1月3日 | 环境市场政策 |
| 17 | 关于两山合作社建设运营的指导意见 | 浙江省发展改革委、省自然资源厅、省农业农村厅、省地方金融监管局、人民银行杭州中心支行、中国银保监会浙江监管局 | 2023年5月26日 | 环境市场政策 |

| 序号 | 政策名称 | 发布部门 | 发布时间 | 政策类型 |
|---|---|---|---|---|
| 18 | 广东省人民政府办公厅关于鼓励和支持社会资本参与生态保护修复的实施意见 | 广东省人民政府办公厅 | 2023 年 9 月 20 日 | 环境市场政策 |
| 19 | 浙江省丽水市《莲都区生态产品价值实现 2023 年重点工作清单》 | 浙江省丽水市莲都区发展改革局 | 2023 年 9 月 11 日 | 环境资源价值核算政策 |
| 20 | 古蔺县国家生态文明建设示范县规划（2022—2030 年） | 古蔺县生态环境局 | 2023 年 6 月 14 日 | 环境资源价值核算政策 |
| 21 | 北京市生态系统调节服务价值（GEP-R）核算方案 | 北京市生态环境局 | 2023 年 8 月 22 日 | 环境资源价值核算政策 |
| 22 | 江苏省工业领域及重点行业碳达峰实施方案 | 江苏省工业和信息化厅、发展改革委、生态环境厅 | 2023 年 1 月 21 日 | 行业环境经济政策 |
| 23 | 河北省工业领域碳达峰实施方案 | 河北省工业和信息化厅、发展改革委、生态环境厅 | 2023 年 3 月 29 日 | 行业环境经济政策 |
| 24 | 河南省工业领域碳达峰实施方案 | 河南省工业和信息化厅、发展改革委、生态环境厅 | 2023 年 3 月 26 日 | 行业环境经济政策 |
| 25 | 浙江省工业领域碳达峰实施方案 | 浙江省工业和信息化厅、发展改革委、生态环境厅 | 2023 年 3 月 7 日 | 行业环境经济政策 |
| 26 | 企业环境信用评价试点工作方案 | 山西省生态环境厅 | 2023 年 7 月 10 日 | 绿色财政政策 |
| 27 | 上海市生态环境监测社会化服务机构（监测类）信用评价指标体系（2023 年版） | 上海市生态环境局 | 2023 年 3 月 28 日 | 绿色财政政策 |
| 28 | 浙江省排污权有偿使用和交易管理办法 | 浙江省人民政府办公厅 | 2023 年 3 月 14 日 | 环境权益政策 |
| 29 | 关于深化"六权"改革的意见 | 宁夏回族自治区党委外事工作委员会 | 2023 年 8 月 23 日 | 环境权益政策 |
| 30 | 宁夏回族自治区排污权交易规则 | 宁夏回族自治区生态环境厅 | 2023 年 12 月 12 日 | 环境权益政策 |

| 序号 | 政策名称 | 发布部门 | 发布时间 | 政策类型 |
|---|---|---|---|---|
| 31 | 关于开展用水权交易试点工作的通知 | 上海市水务局 | 2023年1月30日 | 环境权益政策 |
| 32 | 浙江省排污权有偿使用和交易管理办法 | 浙江省人民政府办公厅 | 2023年3月14日 | 环境权益政策 |
| 33 | 关于开展用能权有偿使用和交易改革 提高能源要素高效配置体系的实施意见 | 宁夏发展改革委 | 2023年5月17日 | 环境权益政策 |

# 参考文献

[1]  安国俊. 碳中和目标下的绿色金融创新路径探讨[J]. 南方金融，2021（2）：3-12.

[2]  杜明军. 完善绿色金融政策体系的战略思考[J]. 区域经济评论，2022(6)：116-127. DOI：10.14017/j.cnki.2095-5766.2022.0111.

[3]  耿海清. 生态产品价值实现机制若干关键问题探析[J]. 环境保护，2023，51（22）：35-37.

[4]  郭峰，程亚欣. 绿色金融助力经济高质量发展的路径选择[J]. 价格理论与实践，2022（8）：92-95. DOI：10.19851/j.cnki.CN11-1010/F.2022.08.453.

[5]  黄绍军. 碳中和目标下我国 CCER 重启面临的困境与对策建议[J]. 西南金融，2023（10）：18-30.

[6]  雷蒙. 世贸组织公共论坛聚焦贸易与环境议题[J]. 可持续发展经济导刊，2023（Z2）：116.

[7]  刘桂环，文一惠，谢婧，等. 深化生态保护补偿制度有序推进生态产品价值实现[J]. 环境保护，2023，51（22）：30-34.

[8]  刘华军，张一辰. 新时代 10 年中国绿色金融发展之路：历程回顾、成效评估与路径展望[J]. 中国软科学，2023（12）：16-27.

[9]  刘啸，戴向前. 对深化农业水价综合改革的若干思考[J]. 水利发展研究，2023，23（11）：70-73.

[10]  刘志强. 规范实施政府和社会资本合作新机制[EB/OL]. https://baijiahao.baidu.com/s？id=17836674279530811145&wfr=spider&for=pc.

[11]  马骏. 中国绿色金融的发展与前景[J]. 经济社会体制比较，2016（6）：25-32.

[12]  毛涛. 绿色供应链管理实践进展、困境及破解对策[J]. 环境保护，2021，49（2）：61-65.

[13]  唐明，明海蓉. 最优税率视域下环境保护税以税治污功效分析——基于环境保护税开征

实践的测算[J]. 财贸研究，2018，29（8）：83-93.

[14] 王彬，程翠云，杜艳春，等. "十四五"时期绿色金融的改革思路与重点任务[J]. 环境保护，2022，50（5）：45-48. DOI：10. 14026/j. cnki. 0253-9705. 2022. 05. 001.

[15] 王晋斌. 绿色金融助力社会可持续发展[J]. 人民论坛，2023（22）：18-21.

[16] 魏丽莉，杨颖. 绿色金融：发展逻辑、理论阐释和未来展望[J]. 兰州大学学报（社会科学版），2022，50（2）：60-73. DOI：10. 13885/j.issn.1000-2804.2022.02.006.

[17] 新华网. 如何打造绿色制造领军力量？工信部发布"培育"新政策[EB/OL]. http://www. xinhuanet.com/enterprise/20240130/634188e7127e420b8cd19dde92fd10db/c.html （2024-01-30/2024-02-18）.

[18] 袁钰，刘婷，董鑫，等. 深入推进绿色供应链实施助力加快新发展格局构建[N]. 中国环境报，2023-09-25.

[19] 张林波，陈鑫，梁田，等. 我国生态产品价值核算的研究进展、问题与展望[J]. 环境科学研究，2023，36（4）：743-756.

[20] 郑立纯. 中国绿色金融政策质量评价研究[J]. 武汉大学学报（哲学社会科学版），2020，73（3）：115-129. DOI：10. 14086/j.cnki.wujss.2020.03.012.

[21] 中机院产业园区规划. EOD 模式下项目投融资存在的问题及解决策略方案[EB/OL]. https://www.reportway.org/eodbaike/29624.html.

[22] 周杰俣，崔莹，刘慧心. 美欧气候融资新动向对我国参与国际气候发展合作的影响[J]. 环境经济，2023（19）：42-47.

[23] 周云亨，陈依鸣. 欧盟碳关税：保护全球气候还是保护本土产业？[J]. 中国石化，2023（12）：74-75.

[24] 朱兰，郭熙保. 党的十八大以来中国绿色金融体系的构建[J]. 改革，2022（6）：106-115.

[25] 走进徐工：一条供应链的绿色协同创新[N]. 人民日报，2023-04-04（10）.